全国普通高校物联网工程专业规划教材

物联网通信技术

（项目教学版）

冯 暖 周振超 主 编
杨 玥 陈 勇 于 杨 副主编

U0303125

清华大学出版社
北 京

内 容 简 介

本书在介绍物联网通信技术发展背景和技术应用的基础上，为了让读者快速掌握 ZigBee（紫蜂）通信，WiFi（Wireless-Fidelity）通信，蓝牙（Bluetooth）通信、RFID（射频识别）及 IPv6 通信这五类目前物联网应用最为广泛的短距通信技术与应用，以这五类通信作为项目课题，按照项目教学方式，由项目任务、项目的提出、项目实施和项目总结，构成每个篇章。本书章节铺设以项目为驱动，使学生从一开始就带着项目开发任务进入学习，在项目的实施过程中逐渐掌握完成任务所需的知识和技能。

图书在版编目（CIP）数据

物联网通信技术：项目教学版/冯暖，周振超主编. —北京：清华大学出版社，2017（2024.8重印）
（全国普通高校物联网工程专业规划教材）
ISBN 978-7-302-45712-1

Ⅰ. ①物… Ⅱ. ①冯… ②周… Ⅲ. ①互联网络－应用－高等学校－教材 ②智能技术－应用－高等学校－教材 Ⅳ. ①TP393.4 ②TP18

中国版本图书馆 CIP 数据核字（2016）第 283858 号

责任编辑：梁　颖　薛　阳
封面设计：傅瑞学
责任校对：胡伟民
责任印制：刘海龙

出版发行：清华大学出版社
　　　　网　　　址：https://www.tup.com.cn，https://www.wqxuetang.com
　　　　地　　　址：北京清华大学学研大厦 A 座　　　　邮　　编：100084
　　　　社 总 机：010-83470000　　　　　　　　　　邮　　购：010-83470235
　　　　投稿与读者服务：010-62776969，c-service@tup.tsinghua.edu.cn
　　　　质量反馈：010-62772015，zhiliang@tup.tsinghua.edu.cn
　　　　课件下载：https://www.tup.com.cn，010-83470236
印 装 者：北京建宏印刷有限公司
经　　　销：全国新华书店
开　　　本：185mm×260mm　　　印　张：13　　　字　　数：320 千字
版　　　次：2017 年 1 月第 1 版　　　印　　次：2024 年 8 月第 8 次印刷
定　　　价：39.00 元

产品编号：068774-02

前　言

　　本书主要讲授 ZigBee(紫蜂)通信、WiFi(Wireless-Fidelity)通信、蓝牙(Bluetooth)通信、RFID(射频识别)及 IPv6 通信这 5 类目前物联网应用最为广泛的短距通信技术与应用,并以这 5 类通信作为项目课题,按照项目教学方式,由项目任务、项目的提出、项目实施和项目总结,构成每个篇章。

　　本书以物联网短距通信系统作为开发平台,使用 C51 语言,提供大量源于作者多年教学积累和项目开发经验的实例。在学习本书之前,读者需要掌握 C51 语言程序设计、单片机等知识。

　　本书概念清晰,逻辑性强,循序渐进,语言通俗易懂,适合作为高等学校物联网工程、电子信息工程、通信工程等相关专业的物联网通信技术课程的教材,也适合短距离通信技术应用开发的初级、中级人员学习参考。

　　由于本书涉及的范围比较广泛,加之物联网又是新生事物,项目教学开展的时间还不长,书中不足之处在所难免,敬请读者批评指正。

目 录

第1章

ZigBee(紫蜂)通信

1.1 项目任务

在本项目中要完成以下任务。

(1) ZigBee 通信硬件模块(CC2530)及接口分析；

(2) ZigBee 通信软件程序及接口分析；

(3) ZigBee 通信协议下的点对点、点对多点通信模式设计；

(4) ZigBee 通信协议下传感器检测信号通信。

具体任务指标如下：

完成基于 ZigBee 无线通信模式下的传感器采集数据通信应用系统。

1.2 项目的提出

"基于 ZigBee 无线通信模式下的传感器采集数据通信应用系统"是以 ZigBee 通信为基础，采用 TI 公司生产的 CC2530 芯片为核心处理器，其上位机 Windows 开发环境使用的是嵌入式集成开发环境 IAR Embedded Workbench for MCS-51，采用 ZigBee pro 协议(Z-Stack 2007 协议栈)，C51 编译实现自动组网、自动路由、无线数据传输及采用 PC 与硬件串口通信。

1.3　实施项目的预备知识

（1）理解 ZigBee 技术的概念、技术特点；

（2）了解 ZigBee 的设备类型、网络描述与协议架构；

（3）重点掌握 CC2530 芯片的编译方法和应用；

（4）重点掌握 ZigBee 协调器与终端的通信方法。

关键术语：

ZigBee 通信[1]：ZigBee 是基于 IEEE 802.15.4 标准的低功耗局域网协议。根据国际标准规定，ZigBee 技术是一种短距离、低功耗的无线通信技术。其特点是近距离、低复杂度、自组织、低功耗、低数据速率。主要适合用于自动控制和远程控制领域，可以嵌入各种设备。

简而言之，ZigBee 就是一种便宜的、低功耗的近距离无线组网通信技术，是一种低速短距离传输的无线网络协议。

预备知识的内容结构：

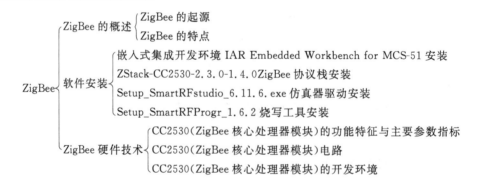

预备知识：

1.3.1　ZigBee 技术概述

1. ZigBee 起源

ZigBee 译为"紫蜂"，它与蓝牙相类似，是一种新兴的短距离无线通信技术，用于

---

①　引自 http://baike.baidu.com/view/117166.htm

传感控制应用(Sensor and Control)。其名字来源于蜂群使用的赖以生存和发展的通信方式,蜜蜂通过跳 ZigZag 形状的舞蹈来分享新发现的食物源的位置、距离和方向等信息。由 IEEE 802.15 工作组中提出,并由其 TG4 工作组制定规范。

2001 年 8 月,ZigBee Alliance 成立。随着工业自动化,对无线数据通信的强烈需求,及对于工业现场,对无线传输能抵抗工业现场的各种电磁干扰的高可靠性要求,经过人们长期努力,ZigBee 协议在 2003 年正式问世。

2004 年,ZigBee V1.0 诞生。它是 ZigBee 规范的第一个版本。

2006 年,推出 ZigBee 2006,比较完善。

2007 年年底,ZigBee PRO 推出。

2009 年 3 月,ZigBee RF4CE 推出,具备更强的灵活性和远程控制能力。

2009 年开始,ZigBee 采用了 IETF 的 IPv6 6LoWPAN 标准作为新一代智能电网 Smart Energy(SEP 2.0)的标准,致力于形成全球统一的易于与互联网集成的网络,实现端到端的网络通信。

2. ZigBee 的特点

ZigBee 使用 2.4 GHz 波段,采用跳频技术,主要应用在短距离范围之内并且数据传输速率不高的各种电子设备之间,其特点如下。

(1) 低功耗。在低耗电待机模式下,两节 5 号干电池可支持一个节点工作 6~24 个月。相比较,蓝牙能工作数周、WiFi 可工作数小时,这是 ZigBee 的突出优势。

(2) 低成本。通过大幅简化协议(不到蓝牙的 1/10),降低了对通信控制器的要求,按预测分析,以 8051 的 8 位微控制器测算,全功能的主节点需要 32KB 代码,子功能节点减少至 4KB 代码,而且 ZigBee 免协议专利费。每块芯片的价格大约为两美元。

(3) 低速率。ZigBee 工作在 20~250kb/s 的速率,分别提供 250kb/s(2.4GHz)、40k/ps(915MHz)和 20kb/s(868MHz)的原始数据吞吐率,满足低速率传输数据的应用需求。

(4) 近距离。相邻节点间的传输范围一般介于 10~100m 之间,在增加发射功率后,可增加到 1~3km。如果通过路由和节点间通信的接力,传输距离将可以更远。

(5) 短时延。ZigBee 的响应速度较快,一般从睡眠转入工作状态只需 15ms,节点连接进入网络只需 30ms,进一步节省了电能。相比较,蓝牙需要 3~10s、WiFi 需要 3s。

(6) 高容量。ZigBee 可采用星状、片状和网状网络结构,由一个主节点管理若干子节点,最多一个主节点可管理 254 个子节点;同时主节点还可由上一层网络节点管理,最多可组成 65 000 个节点的大网。

(7) 高安全。ZigBee 提供了三级安全模式,包括无安全设定、使用访问控制清单(Access Control List,ACL)防止非法获取数据以及采用高级加密标准(AES 128)的对称密码,以灵活确定其安全属性。

(8) 免执照频段。使用工业科学医疗(ISM)频段,915MHz(美国),868MHz(欧洲),2.4GHz(全球)。由于此三个频带物理层并不相同,其各自信道带宽也不同,分别为 0.6MHz、2MHz 和 5MHz,分别有 1 个、10 个和 16 个信道。

这三个频带的扩频和调制方式也有区别,调制方式都用了调相技术,但 868MHz 和 915MHz 频段采用的是 BPSK,而 2.4GHz 频段采用的是 OQPSK。

ZigBee 网络中的设备可分为协调器(Coordinator)、汇聚节点(Router)、传感器节点(EndDevice)等三种角色。未来能在工业监控、传感器网络、家庭监控、安全系统和玩具等领域拓展 ZigBee 的应用。

1.3.2　软件安装

1. 嵌入式集成开发环境 IAR Embedded Workbench for MCS-51 安装

IAR Embedded Workbench for MCS-51 是上位机 Windows 的嵌入式集成开发环境,该开发环境针对目标处理器集成了良好的函数库和工具支持,其安装过程如下。

(1) 打开 IAR 安装包进入安装界面,双击 EW8051-EV-751A 进行安装,如图 1.1 所示。

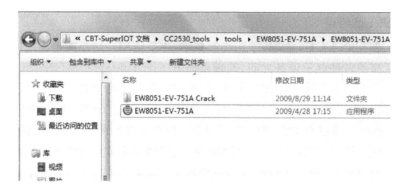

图 1.1　安装软件包

(2) 出现如图 1.2 所示的对话框,单击 Next 按钮。

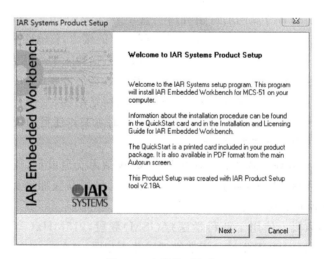

图 1.2　安装许可问询

（3）接受许可协议，如图1.3所示。

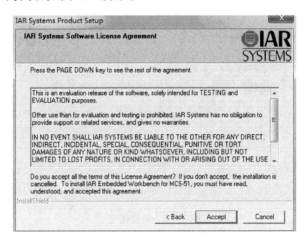

图1.3 接受许可协议

（4）输入正确的序列号和 License Key 到如图1.4和图1.5所示对话框中。

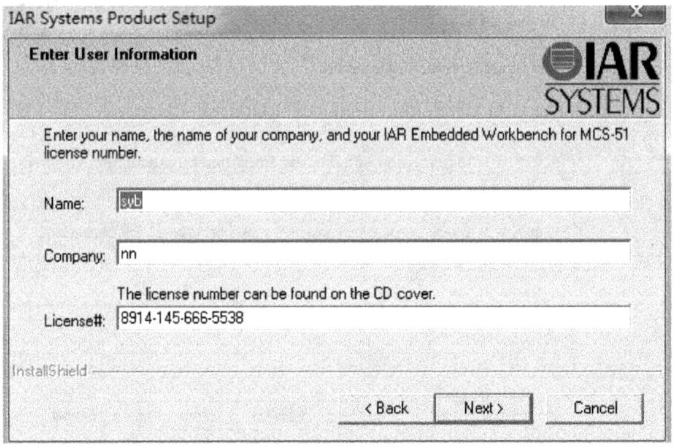

图1.4 输入序列号

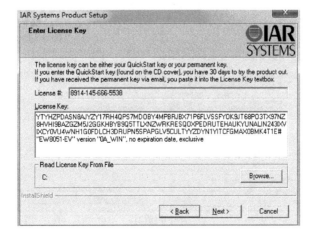

图1.5 输入 License Key

（5）设置安装路径，如图 1.6 所示，单击 Next 按钮。

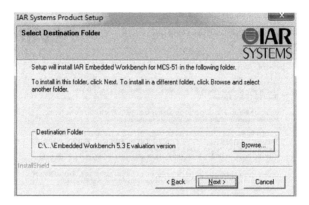

图 1.6　安装路径

（6）选择 Full(完全安装)，如图 1.7 所示，单击 Next 按钮。

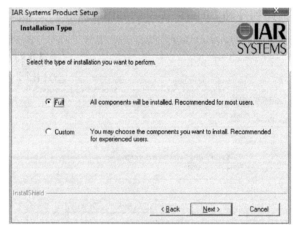

(a) 步骤(1)

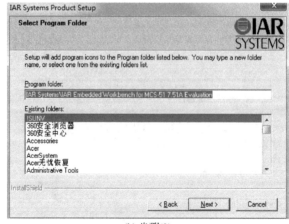

(b) 步骤(2)

图 1.7　安装模式各步骤

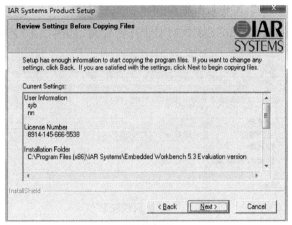

(c) 步骤(3)

图 1.7　(续)

(7) 开始安装,如图 1.8 所示。

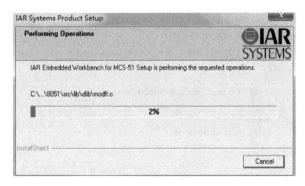

图 1.8　安装进度

(8) 安装完成,如图 1.9 所示。

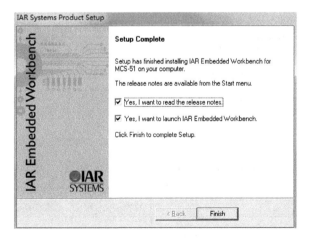

图 1.9　安装完成

2. ZStack-CC2530-2.3.0-1.4.0 ZigBee 协议栈安装

（1）双击 ZStack-CC2530-2.3.0-1.4.0 开始安装，如图 1.10 所示。

图 1.10　协议栈安装包

（2）选择 Modify，如图 1.11 所示，单击 Next 按钮。

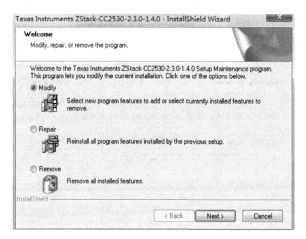

图 1.11　选择典型安装

（3）选择安装支持的工具，如图 1.12 所示。

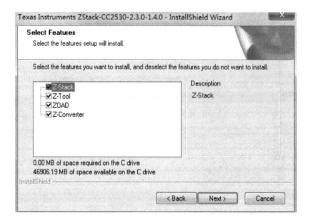

图 1.12　工具选择

（4）开始安装，如图 1.13 所示。

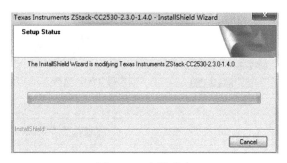

图 1.13　安装进度

（5）安装完成，如图 1.14 所示。

图 1.14　安装完成

3. Setup_SmartRFstudio_6.11.6.exe 仿真器驱动安装

（1）双击 Setup_SmartRF_Studio_6.11.6 开始安装，如图 1.15 所示，单击 Next 按钮。

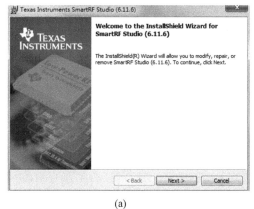

(a)

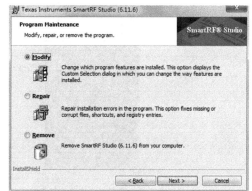

(b)

图 1.15　安装过程

（2）安装选择，如图 1.16 所示，单击 Next 按钮。

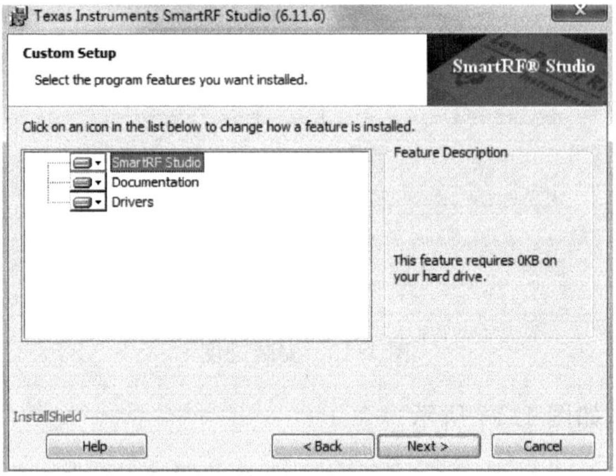

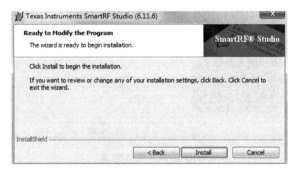

图 1.16　安装选项

（3）开始安装，如图 1.17 所示。

图 1.17　开始安装

（4）安装完成，如图 1.18 所示。

图 1.18　安装完成

(5) 将仿真器通过开发系统附带的 USB 电缆连接到 PC,在 Windows XP 系统下,系统找到新硬件后显示如图 1.19 所示的对话框,选择自动安装软件,单击"下一步"按钮。

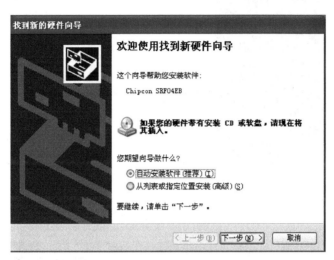

图 1.19　自动安装

(6) 向导会自动搜索并复制驱动文件到系统。系统安装完驱动后提示完成对话框,单击"完成"按钮退出安装,如图 1.20 所示。

图 1.20　安装完成

4. Setup_SmartRFProgr_1.6.2 烧写工具安装

(1) 双击 Setup_SmartRFProgr_1.6.2 安装,如图 1.21 所示,单击 Next 按钮。

(2) 选择安装路径,如图 1.22 所示,单击 Next 按钮。

(3) 选择 Complete(完整安装),如图 1.23 所示,单击 Next 按钮。

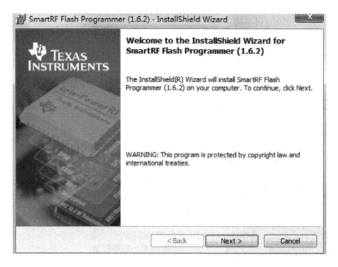

图 1.21　烧写工具安装

图 1.22　安装路径

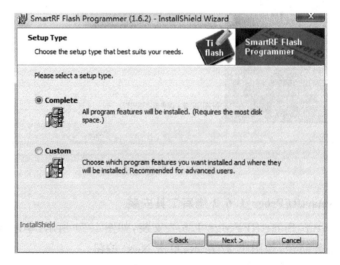

图 1.23　完全安装

（4）开始安装，如图 1.24 所示。

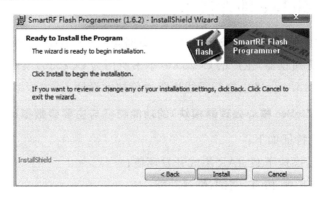

图 1.24 开始安装

（5）安装过程如图 1.25 所示。

图 1.25 安装进度

（6）安装完成，如图 1.26 所示。

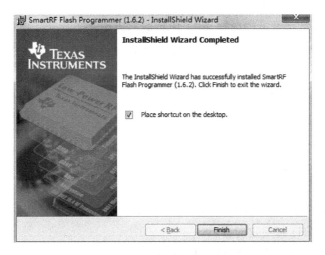

图 1.26 安装完成

1.3.3 ZigBee 硬件技术

ZigBee 技术中常用的硬件设备包括核心处理器、外围电路、下载器等模块。而目前常用的有 TI(德州仪器)生产的 CC25X0(本书所用为 CC2530)系列产品为核心处理器,在 IEEE 802.15.4 标准上进行无线短距通信技术设计。

1. CC2530(ZigBee 核心处理器模块)的功能特征与主要参数指标

CC2530 功能特征如下:

① 支持 USB 高速下载、IAR 集成开发环境;

② 支持在线下载、仿真、调试、烧写功能;

③ 支持 USB 供电、电池供电方式;

④ C51 编程开发,简单、方便、快捷;

⑤ 板载 LED 指示灯、RS-232 串口;

⑥ 可外扩多种传感器模块(温湿度、红外、烟雾、光感等)。

CC2530 收发频率特征如下:

① 收发频率范围 2045～2480MHz;

② 测试天线 3dBi 鞭状天线;

③ 输出功率 4.5(最小 -8,最大 10)dBm;

④ 最大功率输出距离>300m。

CC2530 功耗特征如下:

① 接收模式 24mA;

② 发送模式 29mA;

③ 宽电源电压范围 2.0～3.6V。

CC2530 微控制器特征如下:

① 高性能和低功耗的增强型 8051 微控制器内核;

② 32/64/128/256KB 系统可编程闪存、支持硬件调试;

③ 8KB RAM。

CC2530 外设接口特征如下:

① 21 个可配置通用 IO 引脚;

② 两个同步串口;

③ 一个看门狗定时器;

④ 5 通道 DMA 传输;

⑤ 一个 IEEE 802.15.4 标准 MAC 定时器和三个通用定时器;

⑥ 一个 32MHz 睡眠定时器;

⑦ 一个数字接收信号强度指示 RSSI/LQI 支持;

⑧ 8 通道 12 位 AD 模数转换器,可配分辨率,内置电压、温度传感器检测;

⑨ 一个 AES 安全加密协处理器。

2. CC2530(ZigBee 核心处理器模块)电路

图 1.27 给出了 CC2530 芯片及其外围电路构成了 ZigBee 构架的 ZigBee 协调器(Coordinator)、ZigBee 路由器(Router)、ZigBee 终端设备(End-device)。

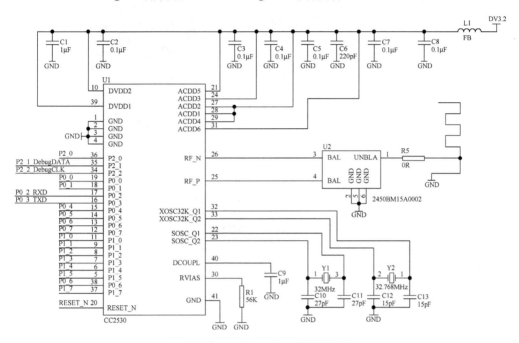

图 1.27 CC2530 芯片及其外围电路

3. CC2530(ZigBee 核心处理器模块)的开发环境

CC2530(ZigBee 核心处理器模块)的开发使用的软件开发环境为 IAR Embedded Wordbench for MCS-51。本节将介绍如何使用该 IAR 环境搭建配套项目工程。后续工程建立方法参照本节设置建立,将不再赘述。下面通过一个简单的 LED 闪灯测试程序工程带领用户逐步熟悉 IAR for 51 开发环境。

1) 建立新工程

打开 IAR 软件,默认进入建立工作区菜单。先选择取消,进入 IAR IDE 环境。单击 Project 菜单,选择 Greate New Project 命令,如图 1.28 所示。

弹出如图 1.29 所示建立新工程对话框,确认 Tool chain 栏已经选择 8051,在 Project templates 栏选择 Empty project 后单击下方 OK 按钮。

单击右上角 ☞ 快捷方式,创建新文件夹。在计算机相应目录下,创建工程目录,本例创建了 test_iar 目录,用来存放工程,进入到创建的 test_iar 文件夹中,更改工程名,如 test,单击"保存"按钮,这样便建立了一个空的工程,如图 1.30～图 1.32 所示。

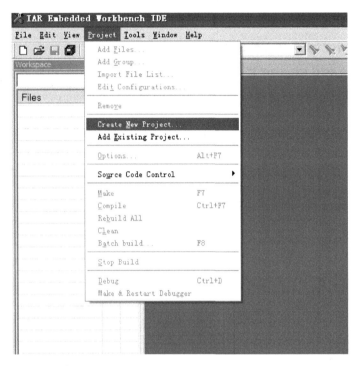

图 1.28　建立一个新工程

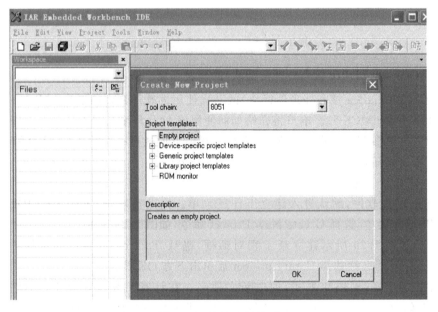

图 1.29　选择工程类型

图 1.30 创建工程目录

图 1.31 创建工程目录 test_iar

图 1.32　创建工程目录配置文件

这样工程就出现在工作区窗口中了,如图 1.33 所示。

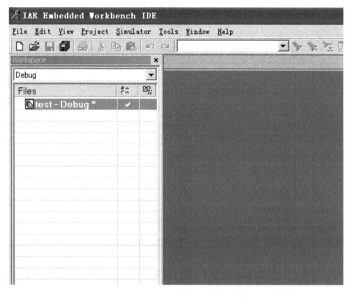

图 1.33　创建工程加入工作区

系统产生两个创建配置:调试和发布。在这里只使用 Debug,如图 1.34 所示。
项目名称后的星号指示修改还没有保存。

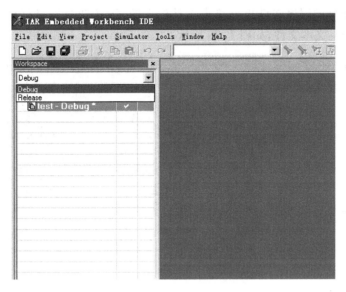

图 1.34　选择 Debug 模式工程

选择菜单 File→Save→Workspace,保存工作区文件,并指明存放路径,这里把它放到新建的工程 test_iar 目录下。单击"保存"按钮保存工作区,如图 1.35 所示。

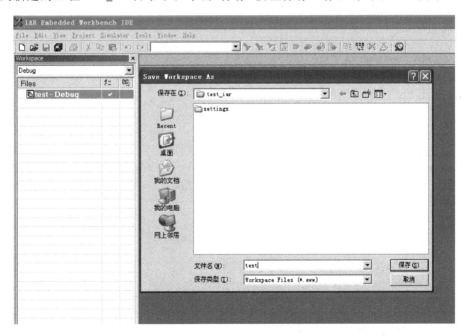

图 1.35　保存工作区

2) 添加工程文件

选择菜单 Project→Add File 或在工作区窗口中的工程名上单击右键,在弹出的快捷菜单中选择 Add File 命令,弹出文件打开对话框,选择需要的文件单击"打开"按钮。

如没有建好的程序文件也可单击工具栏上的 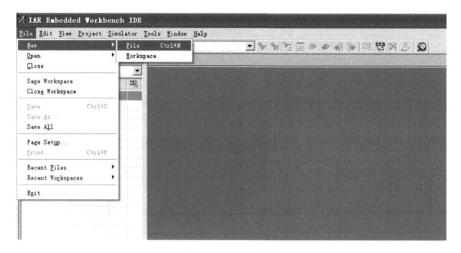 按钮或选择菜单 File→New→File 新建一个空文本文件,如图 1.36 所示。

图 1.36   新建文件

向文件里添加如下代码。

```
# include "ioCC2530.h"
void Delay(unsigned char n)
{
    unsigned char i;
    unsigned int j;
    for(i = 0; i < n; i++)
    for(j = 1; j < 1000; j++) ;
}


void main(void)
{
    P1SEL = 0x00;               //P1.0 为普通 I/O 口
    P1DIR = 0x3;                //P1.0 P1.1 输出
    while(1)
    {
        P1_1 = 1;
        Delay(10);
        P1_0 = 0;
        Delay(10);
        P1_1 = 0;
        Delay(10);
        P1_0 = 1;
        Delay(10);
    }
}
```

选择菜单 File→Save 弹出"另存为"对话框,填写文件名为 test. c,单击"保存"按钮,如图 1.37 所示。

图 1.37　保存新建文件

按照前面添加文件的方法将 test. c 添加到当前工程里,在工程中右击添加文件,如图 1.38 所示。

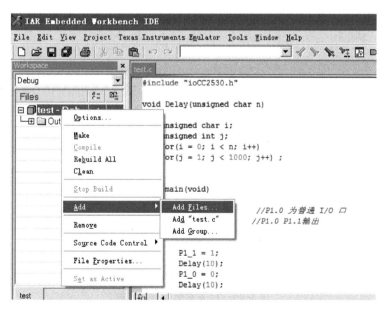

图 1.38　将新建文件加入工程

选择刚刚编写好的文件 test.c,如图 1.39 所示。

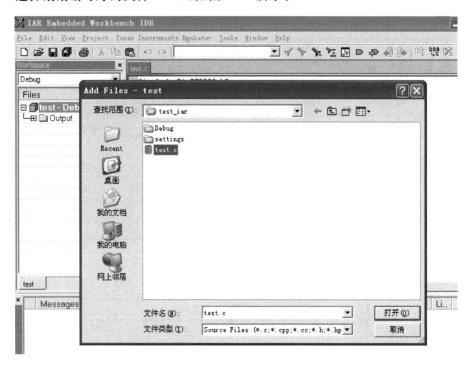

图 1.39 将新建文件 test.c 加入工程

完成的结果如图 1.40 所示。

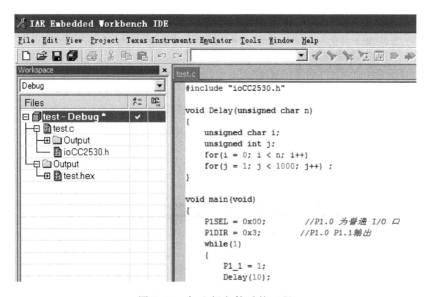

图 1.40 加入新文件后的工程

1.4　项目实施

1.4.1　任务1：点对点无线通信

点对点的 ZigBee 无线通信采用两个 ZigBee(CC2530)模块(带 LED)，通过使用一端控制另一端的方式实现通信。属于节点对节点的通信，是基于 ZigBee 无线通信模式下的传感器采集数据通信应用系统设计的基础。

1. 硬件接口连接

ZigBee(CC2530)模块 LED 硬件接口如图 1.41 和图 1.42 所示。

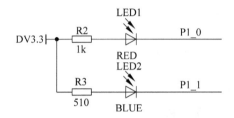

图 1.41　LED 端

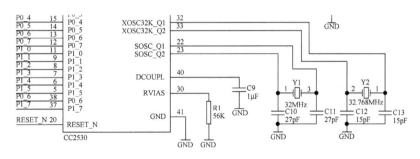

图 1.42　CC2530 端

ZigBee(CC2530)模块硬件上设计有两个 LED 灯用来编程调试使用。分别连接 CC2530 的 P1_0、P1_1 两个 IO 引脚。从原理图上可以看出，两个 LED 灯共阳极，当 P1_0、P1_1 引脚为低电平时，LED 灯点亮。

2. 设计关键代码

1) 射频初始化函数

```
uint8 halRfInit(void)
```

功能描述：ZigBee 通信设置，自动应答有效，设置输出功率 0dbm，Rx 设置，接收中断有效。

返回：配置成功返回 SUCCESS。

2) 发送数据包函数

```
uint8 basicRfSendPacket(uint16 destAddr, uint8 * pPayload, uint8 length)
```

功能描述：发送包函数。

入口参数：destAddr——目标网络短地址；

　　　　　pPayload——发送数据包头指针；

　　　　　length——包的大小。

出口参数：无

返回值：成功返回 SUCCESS,失败返回 FAILED。

3) 接收数据函数

```
uint8 basicRfReceive(uint8 * pRxData, uint8 len, int16 * pRssi)
```

功能描述：从接收缓存中复制出最近接收到的包。

参数：接收数据包头指针；

　　　接收包的大小。

返回：实际接收的数据字节数。

3. 源码实现

```
void main (void)
{
    uint8 i;

    appState = IDLE;                    //初始化应用状态为空闲
    appStarted = FALSE;                 //初始化启动标志位 FALSE

    /* 初始化 Basic RF */
    basicRfConfig.panId = PAN_ID;       //初始化个域网 ID
    basicRfConfig.ackRequest = FALSE;   //不需要确认

    halBoardInit();

    if(halRfInit() == FAILED)           //初始化 hal_rf
      HAL_ASSERT(FALSE);

    /* 快速闪烁 8 次 led1,led2 */
    for(i = 0; i < 16; i++)
    {
      halLedToggle(1);                  //切换 led1 的亮灭状态
      halLedToggle(2);                  //切换 led2 的亮灭状态
      halMcuWaitMs(50);                 //延时大约 50ms
```

```
    }

    halLedSet(1);                        //led1 指示灯亮,指示设备已上电运行
    halLedClear(2);

    basicRfConfig.channel = 0x0B;        //设置信道

# ifdef MODE_SEND
    appTransmitter();                    //发送器模式
# else
    appReceiver();                       //接收器模式
# endif
    HAL_ASSERT(FALSE);
```

通过上面的代码分析可知,程序通过宏 MODE_SEND 来确定是发送器还是接收器,appTransmiter()是发送器的主要功能函数,appReceiver()是接收器的主要功能函数,这两个函数最终都会进入一个无限循环状态。

```
static void appTransmitter()
{
  uint32 burstSize = 0;
  uint32 pktsSent = 0;
  uint8 appTxPower;
  uint8 n;

  /* 初始化 Basic RF */
  basicRfConfig.myAddr = TX_ADDR;
  if(basicRfInit(&basicRfConfig) == FAILED)
  {
    HAL_ASSERT(FALSE);
  }

  /* 设置输出功率 */
  //appTxPower = appSelectOutputPower();
  halRfSetTxPower(2);                        //HAL_RF_TXPOWER_4_DBM
//halRfSetTxPower(appTxPower);

  /* 设置进行一次测试所发送的数据包数量 */
  //burstSize = appSelectBurstSize();
  burstSize = 100000;
  /* Basic RF 在发送数据包前关闭接收器,在发送完一个数据包后打开接收器 */
  basicRfReceiveOff();

  /* 配置定时器和 IO */
  //n = appSelectRate();
```

```
appConfigTimer(0xC8);
//halJoystickInit();

/* 初始化数据包载荷 */
txPacket.seqNumber = 0;
for(n = 0; n < sizeof(txPacket.padding); n++)
{
    txPacket.padding[n] = n;
}

/* 主循环 */
while (TRUE)
{
    if (pktsSent < burstSize)
    {
        UINT32_HTON(txPacket.seqNumber);        //改变发送序号的字节顺序
        basicRfSendPacket(RX_ADDR, (uint8 * )&txPacket, PACKET_SIZE);

        /* 在增加序号前将字节顺序改回为主机顺序 */
        UINT32_NTOH(txPacket.seqNumber);
        txPacket.seqNumber++;

        pktsSent++;
        appState = IDLE;
        halLedToggle(1);                        //切换 LED1 的亮灭状态
        halLedToggle(2);                        //切换 LED2 的亮灭状态
        halMcuWaitMs(1000);
    }
    /* 复位统计和序号 */
    pktsSent = 0;
}
}
```

在发送主功能函数里面,通过 basicRfSendPacket()发送接口函数不停向外发送数据,并改变 LED1、LED2 的状态。

```
static void appReceiver()
{
    uint32 seqNumber = 0;                            //数据包序列号
    int16 perRssiBuf[RSSI_AVG_WINDOW_SIZE] = {0};    //存储 RSSI 的环形缓冲区
    uint8 perRssiBufCounter = 0;                     //计数器用于 RSSI 缓冲区统计
    perRxStats_t rxStats = {0,0,0,0};                //接收状态
    int16 rssi;
    uint8 resetStats = FALSE;
    int16 MyDate[10];                                //串口数据串数字
    initUART();                                      //初始化串口
```

```
# ifdef INCLUDE_PA
  uint8 gain;

  //选择增益（仅 SK - CC2590/91 模块有效）
  gain = appSelectGain();
  halRfSetGain(gain);
# endif

  /* 初始化 Basic RF */
  basicRfConfig.myAddr = RX_ADDR;
  if(basicRfInit(&basicRfConfig) == FAILED)
  {
    HAL_ASSERT(FALSE);
  }
  basicRfReceiveOn();
  /* 主循环 */
  while (TRUE)
  {
    while(!basicRfPacketIsReady());                      //等待新的数据包
    if(basicRfReceive((uint8 *)&rxPacket, MAX_PAYLOAD_LENGTH, &rssi)> 0)
    {
      halLedSet(1);                                      //点亮 LED1
      //halLedSet(2);                                    //点亮 LED2

      UINT32_NTOH(rxPacket.seqNumber);                   //改变接收序号的字节顺序
      segNumber = rxPacket.seqNumber;

      /* 如果统计被复位,设置期望收到的数据包序号为已经收到的数据包序号 */
      if(resetStats)
      {
        rxStats.expectedSeqNum = segNumber;

        resetStats = FALSE;
      }

      rxStats.rssiSum -= perRssiBuf[perRssiBufCounter];  //从 sum 中减去旧的 RSSI 值
      perRssiBuf[perRssiBufCounter] = rssi;              //存储新的 RSSI 值到环形缓冲区,之后
                                                         //它将被加入 sum

      rxStats.rssiSum += perRssiBuf[perRssiBufCounter];  //增加新的 RSSI 值到 sum
      MyDate[4] = rssi;                                  ////
      MyDate[3] = rxStats.rssiSum;                       ////
      if(++perRssiBufCounter == RSSI_AVG_WINDOW_SIZE)
      {
        perRssiBufCounter = 0;
      }
      /* 检查接收到的数据包是否是所期望收到的数据包 */
```

```
        if(rxStats.expectedSeqNum == segNumber)      //是所期望收到的数据包
        {
          MyDate[0] = rxStats.expectedSeqNum;         ////
          rxStats.expectedSeqNum++;
        }

        else if(rxStats.expectedSeqNum < segNumber)   //不是所期望收到的数据包(收到的数
                                                      //据包的序号大于期望收到的数据包
                                                      //的序号)
        {                                             //认为丢包
          rxStats.lostPkts += segNumber − rxStats.expectedSeqNum;
          MyDate[2] = rxStats.lostPkts;               ///
          rxStats.expectedSeqNum = segNumber + 1;
          MyDate[0] = rxStats.expectedSeqNum;         ///
        }
        else  //不是所期望收到的数据包(收到的数据包的序号小于期望收到的数据包的序号)
        {                                             //认为是一个新的测试开始,复位统计变量
          rxStats.expectedSeqNum = segNumber + 1;
          MyDate[0] = rxStats.expectedSeqNum;         ///
          rxStats.rcvdPkts = 0;
          rxStats.lostPkts = 0;
        }
        MyDate[1] = rxStats.rcvdPkts;                 ///
        rxStats.rcvdPkts++;
        UartTX_Send_String(MyDate,5);
        halMcuWaitMs(300);
        halLedClear(1);                               //熄灭 LED1
        halLedClear(2);                               //熄灭 LED2
        halMcuWaitMs(300);
      }
    }
}
```

在接收主功能函数中,程序通过 basicRfReceive()接口接收发送器发过来的数据,并用 LED1 灯作指示,每接收到一次数据,灯闪烁一次。

4. 系统供电

使用 ZigBee Debuger USB 仿真器连接 PC 和 ZigBee(CC2530)模块,打开 ZigBee 模块开关供电。

5. 建立工程

打开物联网无线传感网络部分\exp\zigbee\点对点无线通信\ide\srf05_cc2530\iar 里的 per_test.eww 工程,如图 1.43 所示。

6. 编译、运行

在 IAR 开发环境中编译、运行、调试程序。注意,本工程需要编译两次,一次编译

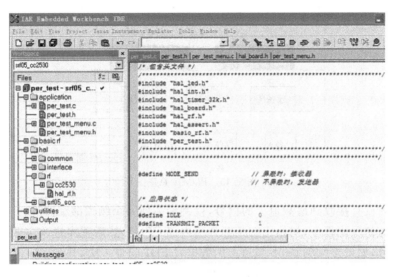

图 1.43 per_test 工程截图

为发送器的,一次编译为接收器的,通过 MODE_SEND 宏选择,并分别下载入两个 ZigBee 模块中,如图 1.44 所示。

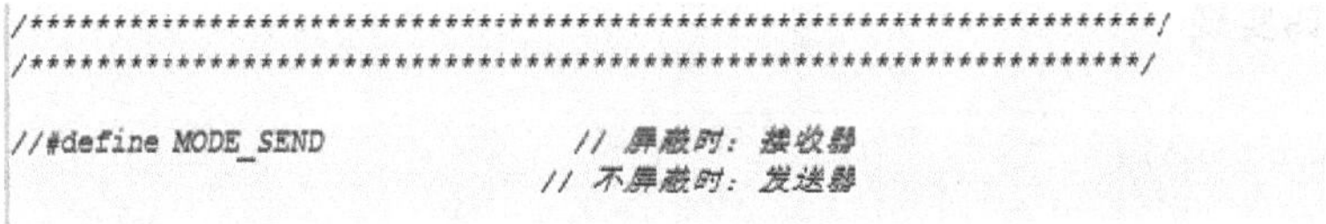

```
/*************************************************************/
/*************************************************************/

//#define MODE_SEND                 // 屏蔽时: 接收器
                                    // 不屏蔽时: 发送器
```

图 1.44 设备类型选择截图

7. 通信测试

依次打开两个分别烧写入发送和接收的 ZigBee 模块,两个模块的 LED1 和 LED2 快速闪烁 8 次后开始通信,接着发送器的 LED1 和 LED2 交替闪烁,接收器的 LED1 接收到一次数据闪烁一次,LED2 熄灭。

1.4.2 任务 2：点对多点无线通信

点对多点的 ZigBee 无线通信采用三个 ZigBee(CC2530)模块(带 LED),利用 FDMA 方式进行配置,使用 IAR 开发环境设计程序,利用一个接收模块实现对两个不同频道上的发送模块进行点对多点无线通信,是基于 ZigBee 无线通信模式下的传感器采集数据通信应用系统设计的基础。

频分多址(FDMA)技术将可用的频率带宽拆分为具有较窄带宽的子信道,如图 1.45 所示。这样每个子信道均独立于其他子信道,从而可被分配给单个发送器。其优点是软件控制上比较简单,其缺陷是子信道之间必须间隔一定距离以防止干扰,频带利用率不高。

FDMA 接收程序主要是在两个频道上循环监听,如果有收到发送模块的信号或

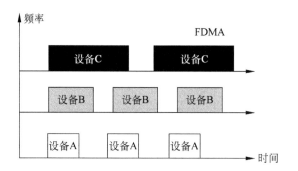

图 1.45 FDMA 原理图

一定时间内没有接收到该频道上的信号,就跳到另外一个频道继续监听。

首先是初始化程序,初始化射频部分和内部 CPU。然后程序进入主循环部分,等待接收信号,如果接收到 0x0b 频道上的数据,LED1 闪烁一次,并改变频道为 0x0c,如果接收到 0x0c 频道上的数据,LED2 闪烁一次,并改变频道为 0x0b。

FDMA 发送程序主要功能为循环发送数据,程序开始同样是初始化程序,初始化射频部分和内部 CPU,然后两个发送模块在各自的频道上循环发送数据给接收模块,并使 LED1 和 LED2 交替闪烁来指示。

1. 源码实现

```
void main (void)
{
    uint8 i;

    appState = IDLE;                    //初始化应用状态为空闲
    appStarted = FALSE;                 //初始化启动标志位 FALSE

    /* 初始化 Basic RF */
    basicRfConfig.panId = PAN_ID;       //初始化个域网 ID
    basicRfConfig.ackRequest = FALSE;   //不需要确认

    halBoardInit();

    if(halRfInit() == FAILED)           //初始化 hal_rf
      HAL_ASSERT(FALSE);

    /* 快速闪烁 8 次 LED1,LED2 */
    for(i = 0; i < 16; i++)
    {
      halLedToggle(1);                  //切换 LED1 的亮灭状态
      halLedToggle(2);                  //切换 LED2 的亮灭状态
      halMcuWaitMs(50);                 //延时大约 50ms
    }
```

```
    halLedSet(1);                        //LED1 指示灯亮,指示设备已上电运行
    halLedClear(2);

    basicRfConfig.channel = 0x0B;        //设置信道

# ifdef MODE_SEND
    appTransmitter();                    //发送器模式
# else
    appReceiver();                       //接收器模式
# endif

    HAL_ASSERT(FALSE);
}
```

通过上面的代码分析可知,程序通过宏 MODE_SEND 来确定是发送器还是接收器,appTransmiter()是发送器的主要功能函数,appReceiver()是接收器的主要功能函数,这两个函数最终都会进入一个无限循环状态。

```
static void appTransmitter()
{
    uint32 burstSize = 0;
    uint32 pktsSent = 0;
    uint8 n;
    uint16 i;

    /* 初始化 Basic RF */
    basicRfConfig.myAddr = TX_ADDR;
# ifdef MODE_SEND_1
    basicRfConfig.channel = 0x0b;        //设置信道
# else
    basicRfConfig.channel = 0x0c;        //设置信道
# endif

    if(basicRfInit(&basicRfConfig) == FAILED)
    {
      HAL_ASSERT(FALSE);
    }

    halRfSetTxPower(2);                  //HAL_RF_TXPOWER_4_DBM 设置输出功率

    burstSize = 100000;                  //设置进行一次测试所发送的数据包数量
    basicRfReceiveOff();                 //Basic RF 在发送数据包前关闭接收器,在发送完一个
                                         //数据包后打开接收器
    appConfigTimer(0xC8);                //配置定时器和 IO
```

```
        /* 初始化数据包载荷 */    txPacket.seqNumber = 0;
        for(n = 0; n < sizeof(txPacket.padding); n++)
        {
          txPacket.padding[n] = n;
        }

        /* 主循环 */
        while (TRUE)
        {
            if (pktsSent < burstSize)
            {
                UINT32_HTON(txPacket.seqNumber);      //改变发送序号的字节顺序
                basicRfSendPacket(RX_ADDR, (uint8 *)&txPacket, PACKET_SIZE);

                UINT32_NTOH(txPacket.seqNumber); //在增加序号前将字节顺序改为主机顺序
                txPacket.seqNumber++;

                pktsSent++;
                appState = IDLE;
                if(i % 300 == 0)
                {
                    halLedToggle(1);             //切换 LED1 的亮灭状态
                    halLedToggle(2);             //切换 LED2 的亮灭状态
                }
                i++;
                //halMcuWaitMs(1000);
            }

            pktsSent = 0;                        //复位统计和序号
        }
    }
```

在发送主功能函数里面,首先通过宏定义 MODE_SEND_1 来对发送信道进行选择,然后在该信道上通过 basicRfSendPacket()发送接口函数不停向外发送数据,并改变 LED1,LED2 的状态。

```
static void appReceiver()
{
    uint32 seqNumber = 0;                              //数据包序列号
    int16 perRssiBuf[RSSI_AVG_WINDOW_SIZE] = {0};      //存储 RSSI 的环形缓冲//区
    uint8 perRssiBufCounter = 0;                       //计数器用于 RSSI 缓冲区统计
    perRxStats_t rxStats = {0,0,0,0};                  //接收状态
    int16 rssi;
    uint8 resetStats = FALSE;
    uint16 rxTimerOut = 5000;
```

```c
/* 初始化 Basic RF */
basicRfConfig.myAddr = RX_ADDR;
basicRfConfig.channel = 0x0b;                        //设置信道
if(basicRfInit(&basicRfConfig) == FAILED)
{
    HAL_ASSERT(FALSE);
}
basicRfReceiveOn();

/* 主循环 */
while (TRUE)
{
    while(!basicRfPacketIsReady())                   //等待新的数据包
    {
        if(!(rxTimerOut -- ))
        {
            changeChannel();                         //改变接收通道
            rxTimerOut = 50000;
            continue;
        }
    };
    rxTimerOut = 5000;
    if(basicRfReceive((uint8 * )&rxPacket, MAX_PAYLOAD_LENGTH, &rssi) > 0)
    {
        if(basicRfConfig.channel == 0x0b)   halLedSet(1); //如果在 0x0b 通道上
//接收到数据,点亮 LED1
        if(basicRfConfig.channel == 0x0c)   halLedSet(2); //如果在 0x0c 通道上
//接收到数据, 点亮 LED2
        changeChannel();                             //改变接收通道

        UINT32_NTOH(rxPacket.seqNumber);             //改变接收序号的字节顺序
        segNumber = rxPacket.seqNumber;

        /* 如果统计被复位,设置期望收到的数据包序号为已经收到的数据包序号 */
        if(resetStats)
        {
            rxStats.expectedSeqNum = segNumber;
            resetStats = FALSE;
        }

        rxStats.rssiSum -= perRssiBuf[perRssiBufCounter]; //从 sum 中减去旧的
//RSSI 值
        perRssiBuf[perRssiBufCounter] = rssi;        //存储新的 RSSI 值到环形缓冲
//区,之后它将被加入 sum

        rxStats.rssiSum += perRssiBuf[perRssiBufCounter]; //增加新的 RSSI 值
//到 sum
```

```
            if(++perRssiBufCounter == RSSI_AVG_WINDOW_SIZE)
            {
              perRssiBufCounter = 0;
            }

            /* 检查接收到的数据包是否是所期望收到的数据包 */
            if(rxStats.expectedSeqNum == segNumber)        //是所期望收到的数据包
            {
                rxStats.expectedSeqNum++;
            }
            else if(rxStats.expectedSeqNum < segNumber)    //不是所期望收到的数据包
        //(收到的数据包的序号大于期望收到的数据包的序号)
            {                                              //认为丢包
              rxStats.lostPkts += segNumber - rxStats.expectedSeqNum;
              rxStats.expectedSeqNum = segNumber + 1;
            }
            else  //不是所期望收到的数据包(收到的数据包的序号小于期望收到的数据
        //包的序号)
            {   //认为是一个新的测试开始,复位统计变量
              rxStats.expectedSeqNum = segNumber + 1;
              rxStats.rcvdPkts = 0;
              rxStats.lostPkts = 0;
            }
            rxStats.rcvdPkts++;

            halMcuWaitMs(300);
            halLedClear(1);                                //熄灭 LED1
            halLedClear(2);                                //熄灭 LED2
            halMcuWaitMs(300);
        }
    }
}
```

在接收主功能函数中,程序通过 basicRfReceive()接口在不同信道上接收数据,并用 LED1 和 LED2 来指示是在哪一信道上接收到数据,如果接收到其中一个信道上的数据或一定时间内未接收到该信道上的数据,则通过 changeChannel()来跳到另外一个信道上接收数据。

2. 系统供电

使用 ZigBee Debuger USB 仿真器连接 PC 和 ZigBee(CC2530)模块,打开 ZigBee 模块开关供电。

3. 建立工程

打开物联网无线传感网络部分\exp\zigbee\点对多点无线通信 FDMA\ide\srf05_cc2530\iar 里的 per_test.eww 工程,如图 1.46 所示。

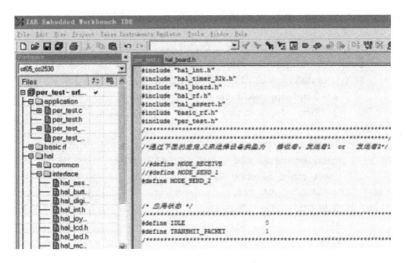

图 1.46　per_test 工程截图

4. 编译、运行

在 IAR 开发环境中编译、运行、调试程序。注意,本工程需要编译三次,分别编译为发送器 1、发送器 2、接收器,通过 MODE_RECEIVE、MODE_SEND1、MODE_SEND2 宏选择,并分别下载入三个 ZigBee 模块中,如图 1.47 所示。

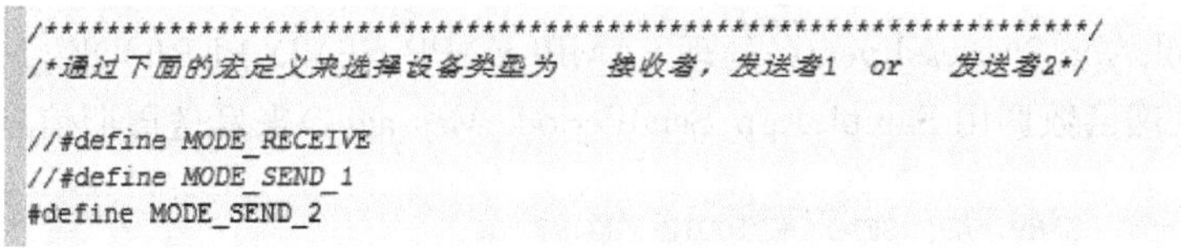

```
/***********************************************************/
/*通过下面的宏定义来选择设备类型为    接收者,发送者1  or   发送者2*/

//#define MODE_RECEIVE
//#define MODE_SEND_1
#define MODE_SEND_2
```

图 1.47　设备类型选择截图

5. 通信测试

依次打开三个分别烧写入发送 1、发送 2 和接收的 ZigBee 模块,三个模块的 LED1 和 LED2 快速闪烁 8 次后开始通信,接着发送器的 LED1 和 LED2 交替闪烁,接收器接收到发送器 1 发过来的数据 LED1 闪烁一次,接收到发送器 2 发过来的数据 LED2 闪烁一次。

1.4.3　任务 3:基于 Z-Stack 的无线组网通信

基于 Z-Stack 的无线组网通信使用 IAR 开发环境设计程序,在 ZStack-2.3.0-1.4.0 协议栈源码例程 SampleApp 工程基础上,实现无线组网及通信。即协调器自动组网,终端节点自动入网,并发送周期信息"～HELLO! ～"广播,协调器接收到消息后将数据通过串口发送给 PC。

1. 源码实现

Periodic 消息是通过系统定时器开启并定时广播到 group1 出去的,因此在

SampleApp_ProcessEvent 事件处理函数中有如下定时器代码。

```
case ZDO_STATE_CHANGE:
        SampleApp_NwkState = (devStates_t)(MSGpkt->hdr.status);
        if ( (SampleApp_NwkState == DEV_ZB_COORD)
            || (SampleApp_NwkState == DEV_ROUTER)
            || (SampleApp_NwkState == DEV_END_DEVICE) )
            {
              //Start sending the periodic message in a regular interval.
              HalLedSet(HAL_LED_1, HAL_LED_MODE_ON);
            osal_start_timerEx( SampleApp_TaskID,
SAMPLEAPP_SEND_PERIODIC_MSG_EVT,
SAMPLEAPP_SEND_PERIODIC_MSG_TIMEOUT );
            }
            else
            {
                //Device is no longer in the network
            }
        break;
```

当设备加入到网络后,其状态就会变化,对所有任务触发 ZDO_STATE _CHANGE 事件,开启一个定时器。当定时时间一到,就触发广播 periodic 消息事件,触发事件 SAMPLEAPP_SEND_PERIODIC_MSG_EVT,相应任务为 SampleApp_TaskID,于是再次调用 SampleApp_ProcessEvent()处理 SAMPLEAPP_SEND_PERIODIC_MSG_EVT 事件,该事件处理函数调用 SampleApp_SendPeriodicMessage()来发送周期信息。

```
if ( events & SAMPLEAPP_SEND_PERIODIC_MSG_EVT )
  {
    SampleApp_SendPeriodicMessage();                    //Send the periodic message
    //Setup to send message again in normal period ( + a little jitter)
    osal_start_timerEx( SampleApp_TaskID, SAMPLEAPP_SEND_PERIODIC_MSG_EVT,
       (SAMPLEAPP_SEND_PERIODIC_MSG_TIMEOUT + (osal_rand() & 0x00FF)) );
    return (events ^ SAMPLEAPP_SEND_PERIODIC_MSG_EVT); //return unprocessed events
  }
```

MT 层串口通信:协议栈将串口通信部分放到了 MT 层的 MT 任务中去处理了,因此在使用串口通信的时候要在编译工程(通常是协调器工程)时在编译选项中加入 MT 层相关任务的支持:MT_TASK,ZTOOL_P1 或 ZAPP_P1。

关于无线组网关键代码分析如下。

```
void SampleApp_SendPeriodicMessage( void )
{
    char buf[] = "~HELLO!~";
    AF_DataRequest( &SampleApp_Periodic_DstAddr, &SampleApp_epDesc,
                    SAMPLEAPP_PERIODIC_CLUSTERID,
```

```
                    8,
                    (unsigned char *)buf,
                    &SampleApp_TransID,
                    AF_DISCV_ROUTE,
                    AF_DEFAULT_RADIUS );
}
```

这个函数是终端节点要完成的功能,通过上面对周期事件的分析,可以知道这个函数是会被周期调用的,通过 AF_DataRequest()向协调器周期发送字符串"～HELLO!～"。

```
uint16 SampleApp_ProcessEvent( uint8 task_id, uint16 events )
{
    afIncomingMSGPacket_t * MSGpkt;
    (void)task_id;          //Intentionally unreferenced parameter

    if ( events & SYS_EVENT_MSG )
    {
        MSGpkt = (afIncomingMSGPacket_t *)osal_msg_receive( SampleApp_TaskID );
        while ( MSGpkt )
        {
            switch ( MSGpkt->hdr.event )
            {
                //Received when a key is pressed
                case KEY_CHANGE:
                    SampleApp_HandleKeys( ((keyChange_t *)MSGpkt)->state, ((keyChange_
t *)MSGpkt)->keys );
                    break;

                //Received when a messages is received (OTA) for this endpoint
                case AF_INCOMING_MSG_CMD:
                    SampleApp_MessageMSGCB( MSGpkt );
                    break;;

                //Received whenever the device changes state in the network
                case ZDO_STATE_CHANGE:
                    SampleApp_NwkState = (devStates_t)(MSGpkt->hdr.status);
                    if ( (SampleApp_NwkState == DEV_ZB_COORD)
                        || (SampleApp_NwkState == DEV_ROUTER)
                        || (SampleApp_NwkState == DEV_END_DEVICE) )
                    {
                        //Start sending the periodic message in a regular interval.
                        HalLedSet(HAL_LED_1, HAL_LED_MODE_ON);
                        osal_start_timerEx( SampleApp_TaskID,
    SAMPLEAPP_SEND_PERIODIC_MSG_EVT,
    SAMPLEAPP_SEND_PERIODIC_MSG_TIMEOUT );
                    }
                    else
```

```
                {
                    //Device is no longer in the network
                }
                break;

            default:
                break;
        }
        osal_msg_deallocate( (uint8 * )MSGpkt );      //Release the memory
        MSGpkt = (afIncomingMSGPacket_t * )osal_msg_receive( SampleApp_TaskID );
                                    //Next - if one is available
    }

    return (events ^ SYS_EVENT_MSG);   //return unprocessed events
}

//Send a message out - This event is generated by a timer
//(setup in SampleApp_Init()).
if ( events & SAMPLEAPP_SEND_PERIODIC_MSG_EVT )
{
    SampleApp_SendPeriodicMessage();   //Send the periodic message
    //Setup to send message again in normal period ( + a little jitter)
    osal_start_timerEx( SampleApp_TaskID, SAMPLEAPP_SEND_PERIODIC_MSG_EVT,
        (SAMPLEAPP_SEND_PERIODIC_MSG_TIMEOUT + (osal_rand() & 0x00FF)) );
    return (events ^ SAMPLEAPP_SEND_PERIODIC_MSG_EVT);   //return unprocessed events
}

    return 0;                          //Discard unknown events
}
```

SampleApp_ProcessEvent()函数为应用层事件处理函数,当接收到网络数据(即发生 AF_INCOMING_MSG_CMD 事件)时,会调用 SampleApp_MessageMSGCB(MSGpkt)处理函数,下面来分析这个函数。

```
void SampleApp_MessageMSGCB( afIncomingMSGPacket_t * pkt )
{
    uint16 flashTime;
    unsigned char * buf;

    switch ( pkt->clusterId )
    {
        case SAMPLEAPP_PERIODIC_CLUSTERID:
            buf = pkt->cmd.Data;
            HalUARTWrite(0, buf, 8);
            HalUARTWrite(0,"\r\n", 2);
```

```
            break;

        case SAMPLEAPP_FLASH_CLUSTERID:
            flashTime = BUILD_UINT16(pkt->cmd.Data[1], pkt->cmd.Data[2] );
            HalLedBlink( HAL_LED_4, 4, 50, (flashTime / 4) );
            break;
    }
}
```

这个函数是协调器要完成的工作,对终端发过来的消息进行格式转换后发给串口终端。更详细的处理流程,具体见工程源代码。

2. 系统供电

使用 ZigBee Debuger USB 仿真器连接 PC 和 ZigBee(CC2530)模块,打开 ZigBee 模块开关供电。

3. 建立工程

打开物联网无线传感网络部分\exp\zigbee\无线自组网\Projects\zstack\Samples\SampleApp\ CC2530DB 里的工程。

打开时若出现如图 1.48 所示的错误,推荐使用管理员权限重新打开。

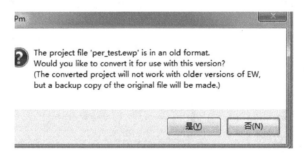

图 1.48　工程打开失败

4. 编译、运行

选择 CoordinatorEB 工程,编译下载到 ZigBee COORDINATOR 模块中,如图 1.49 所示。

选择 EndDeviceEB 工程,编译下载到终端节点,如图 1.50 所示。

5. 通信测试

启动设备测试,首先启动协调器模块,建立网络时 LED1 闪烁,成功后 LED1 点亮停止闪烁,再启动节点端 ZigBee 模块,入网成功后 LED1 点亮停止闪烁,网络组建成功后,将 PC 串口线连接到 ZigBee 协调器模块对应的串口上,打开串口终端,设置波特率为 38 400、8 位、无奇偶校验、无硬件流模式,即可在超级终端上看到终端节点发送过来的"～HELLO!～"字符串。

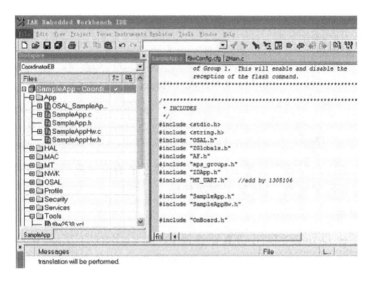

图 1.49 CoordinatorEB 工程

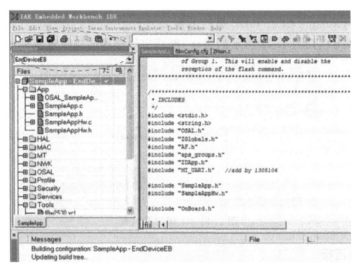

图 1.50 EndDeviceEB 工程

6. 项目结果分析及实施过程中可能出现的问题

通信成功的结果如图 1.51 所示。

如果多套设备同时在运行此工程(局域网中存在多个相同工程编译出来运行的协调器模块),为避免相同工程的 ZigBee 网络间的组网冲突,需要用户手动更改本工程下的 Tools 目录下的 f8wConfig.cfg 文件,将其中默认的 ZDAPP_CONFIG_PAN_ID =0xFFFF 宏更改为唯一的特定值(0~0x3FFF 之间),重新编译下载相应工程,运行。这样可以避免各个 ZigBee 网络(协调器)的冲突。

图 1.51　串口终端显示

1.4.4　任务 4：基于 Z-Stack 的串口控制 LED

基于 Z-Stack 的串口控制 LED 使用 IAR 开发环境设计程序，在 ZStack-2.3.0-1.4.0 协议栈源码例程 SampleApp 工程基础上，实现无线组网及通信。即协调器自动组网，终端节点自动入网，并设计上位机串口控制程序，实现上位机 PC 串口对 ZigBee 模块的控制，如 LED 的控制等。

系统框图如图 1.52 所示。实现上位机通过串口控制命令，发送数据到 ZigBee 协调器节点，协调器通过无线网络控制节点端 LED 灯的开关状态。

图 1.52　系统框图

1. 源码实现

SampleApp_ProcessEvent()函数为应用层事件处理函数，从上面的代码可知，当应用层接收到串口数据（即发生 SPI_INCOMING_ZAPP_DATA 事件）时，会调用 SampleApp_ProcessMTMessage(MSGpkt)串口处理函数，当接收到网络数据（即发生 AF_INCOMING_MSG_CMD 事件）时，会调用 SampleApp_MessageMSGCB(MSGpkt)处理函数，下面来分析这两个函数。

```
void SampleApp_ProcessMTMessage(afIncomingMSGPacket_t * msg)
{
    //byte len = msg->hdr.status;
```

```
const char * msgPtr = ((const char * )msg + 2);
//HalUARTWrite ( 0, msgPtr, len);
uint8 status;

if(strncmp(msgPtr, "on", 2) == 0){
        status = 0x01;
        HalUARTWrite ( 0, "\rset led on\r", 12);
}
else if(strncmp(msgPtr, "off", 3) == 0){
        status = 0x00;
        HalUARTWrite ( 0, "\rset led off\r", 13);
}
/ * 发送消息给终端节点 * /
if ( AF_DataRequest( &SampleApp_Addr, &SampleApp_epDesc,
                    SAMPLEAPP_LEDCTL_CLUSTERID,
                    1,
                    &status,
                    &SampleApp_TransID,
                    AF_DISCV_ROUTE,
                    AF_DEFAULT_RADIUS ) == afStatus_SUCCESS )
{
}
else
{
  //Error occurred in request to send.
}

}
```

这个函数是协调器要完成的工作,当串口接收到字符串"on"时会向串口回发"set led on",并向终端节点发送 0x01,当串口接收到字符串"off"时会向串口回发"set led off",并向终端节点发送 0x00。

```
void SampleApp_MessageMSGCB( afIncomingMSGPacket_t * pkt )
{
    uint16 flashTime;

    switch ( pkt - > clusterId )
    {
        case SAMPLEAPP_PERIODIC_CLUSTERID:
          break;

        case SAMPLEAPP_FLASH_CLUSTERID:
          flashTime = BUILD_UINT16(pkt - > cmd. Data[1], pkt - > cmd. Data[2] );
          HalLedBlink( HAL_LED_4, 4, 50, (flashTime / 4) );
          break;
```

```
        case SAMPLEAPP_LEDCTL_CLUSTERID:
            SetLedStatus(pkt->cmd.Data[0]);
            break;
        case SAMPLEAPP_CONNECTREQ_CLUSTERID:
            SampleApp_ConnectReqProcess((uint8*)pkt->cmd.Data);
        }
    }
```

协调器处理 SAMPLEAPP_CONNECTREQ_CLUSTERID 这个消息类型,此消息携带着终端节点的地址,协调器通过这个消息获取终端节点的地址。

终端节点处理 SAMPLEAPP_LEDCTL_CLUSTERID,当终端节点收到协调 SAMPLEAPP_LEDCTL_CLUSTERID 簇 ID 发送过来的一字节命令(保存在 cmd. Data[0])时,会根据这个命令来设置 LED 状态。

更详细的处理流程具体见工程源代码。

2. 系统供电

使用 ZigBee Debuger USB 仿真器连接 PC 和 ZigBee(CC2530)模块,打开 ZigBee 模块开关供电。

3. 建立工程

打开物联网无线传感网络部分\exp\zigbee\基于 ZStack 的上位机串口控制 LED\ Projects\zstack\Samples\SampleApp\CC2530DB 里的工程。

4. 编译、运行

选择 CoordinatorEB 工程,编译下载到 ZigBee COORDINATOR 模块中,如图 1.53 所示。

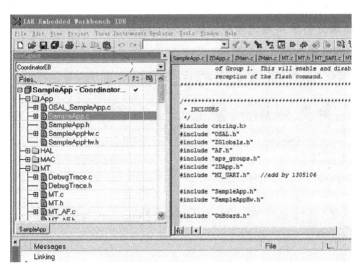

图 1.53　CoordinatorEB 工程

选择 EndDeviceEB 工程,编译下载到终端节点,如图 1.54 所示。

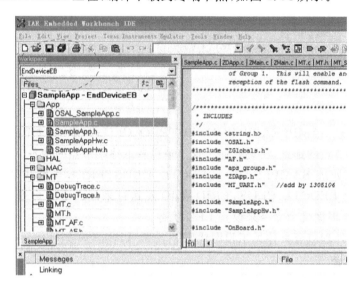

图 1.54   EndDeviceEB 工程

5. 通信测试

启动设备测试,首先启动协调器模块,建立网络时 LED1 闪烁,成功后 LED1 点亮停止闪烁,再启动节点端 ZigBee 模块,入网成功后 LED1 点亮停止闪烁,网络组建成功后,将 PC 串口线连接到 ZigBee 协调器模块对应的串口上,打开串口终端,设置波特率为 38 400、8 位、无奇偶校验、无硬件流模式。即可在串口终端中输入"on"或者"off"来发送串口控制命令至协调器模块,协调器通过串口接收到命令后,无线控制远程节点模块上 LED 灯开关状态。

6. 项目结果分析及实施过程中可能出现的问题

通信成功的结果如图 1.55 所示。

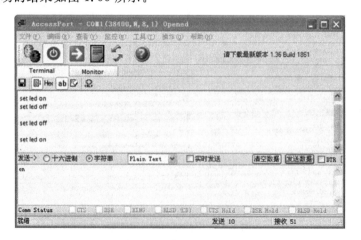

图 1.55   串口终端显示

备注：如果多套设备同时在运行此工程(局域网中存在多个相同工程编译出来运行的协调器模块)，为避免相同工程的 ZigBee 网络间的组网冲突，需要用户手动更改本工程下的 Tools 目录下的 f8wConfig.cfg 文件，将其中默认的 ZDAPP_CONFIG_PAN_ID＝0xFFFF 宏更改为唯一的特定值(0～0x3FFF 之间)，重新编译下载相应工程，运行。这样可以避免各个 ZigBee 网络(协调器)的冲突。

若出现程序编译出现……has no prototype，做如下设置：Project→Option→C/C++ Compiler，去掉 Require prototype 前的勾。

1.4.5 任务 5：温度检测终端无线通信

温度检测终端无线通信中，协调器分立 ZigBee 无线网络，终端节点自动加入该网络中，然后终端节点周期性地采集温度数据并将其发送给协调器，协调器接收到温度数据后，通过串口将其输出到 PC，如图 1.56 所示。

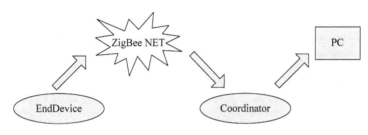

图 1.56 无线温度检测效果框图

1. 源码实现

对于协调器而言，只需要将收集到的温度数据通过串口发送到 PC 即可；对于终端节点而言，需要周期性地采集温度数据，采集温度数据可以通过读取温度传感器的数据得到。

协调器编程，如表 1.1 所示。

表 1.1 温度数据包结构设计

数据包	数据头	温度数据十位	温度数个位	数据尾
长度、字节	1	1	1	1
默认值	'&'	0	0	'C'

数据包结构体定义如下。

```
typedef union h
{
    uint8 TEMP[4];
    struct RFRXBUF
    {
        unsigned char Head;
```

```
    unsigned char value[2];
    unsigned char Tail;
  }BUF;
}TEMPRETURE;
```

使用一个共用体来表示整个数据包,里面有两个成员变量,一个是数组 TEMP,该数组有 4 个元素;另一个是结构体,该结构体具体实现了数据包的数据头、温度数据、数据尾。结构体所占的存储空间也是 4 个字节。

协调器代码:

```
# include "OSAL. h"
# include "AF. h"
# include "ZDApp. h"
# include "ZDObject. h"
# include "ZDProfile. h"
# include < string. h>
# include "Coordinator. h"
# include "DebugTrace. h"
# if !defined(WIN32)
# include "OnBoard. h"
# endif
# include "hal_led. h"
# include "hal_lcd. h"
# include "hal_key. h"
# include "hal_uart. h"
const cId_t GenericApp_ClusterList[GENERICAPP_MAX_CLUSTERS] = {
GENERICAPP_CLUSTERID \
};
const SimpleDescriptionFormat_t GenericApp_SimpleDesc =
{
  GENERICAPP_ENDPOINT,
  GENERICAPP_PROFID,
  GENERICAPP_DEVICEID,
  GENERICAPP_DEVICE_VERSION,
  GENERICAPP_FLAGS,
  GENERICAPP_MAX_CLUSTERS,
  (cId_t * )GenericApp_ClusterList,
  0,
  (cId_t * )NULL
};
endPointDesc_t GenericApp_epDesc;
byte GenericApp_TaskID;
byte GenericApp_TransID;
unsigned char uartbuf[128];

void GenericApp_MessageMSGCB(afIncomingMSGPacket_t * pckt);
```

```
void GenericApp_SendTheMessage(void);
/ * static void rxCB(uint8 port, uint8 event);
static void rxCB(uint8 port, uint8 event)
{
  HalUARTRead(0, uartbuf, 16);
  if(osal_memcmp(uartbuf,"www.wlwmaker.com",16))
      {
          HalUARTWrite(0, uartbuf,16);
      }
} * /
void GenericApp_Init(byte task_id)
{
  halUARTCfg_t uartConfig;

  GenericApp_TaskID              = task_id;
  GenericApp_TransID             = 0;
  GenericApp_epDesc. endPoint = GENERICAPP_ENDPOINT;
  GenericApp_epDesc. task_id = &GenericApp_TaskID;
  GenericApp_epDesc. simpleDesc = (SimpleDescriptionFormat_t * )&GenericApp_SimpleDesc;
  GenericApp_epDesc. latencyReq = noLatencyReqs;
  afRegister(&GenericApp_epDesc);

  uartConfig. configured        = TRUE;
  uartConfig. baudRate          = HAL_UART_BR_115200;
  uartConfig. flowControl       = FALSE;
  uartConfig. callBackFunc      = NULL;
  HalUARTOpen(0,&uartConfig);


}
UINT16 GenericApp_ProcessEvent(byte tadk_id,UINT16 events)
{
  afIncomingMSGPacket_t * MSGpkt;
  if(events&SYS_EVENT_MSG)
      {
          MSGpkt = (afIncomingMSGPacket_t * )osal_msg_receive(GenericApp_TaskID);
          while(MSGpkt)
              {
                  switch(MSGpkt - > hdr. event)
                      {
                          case AF_INCOMING_MSG_CMD:
                              GenericApp_MessageMSGCB(MSGpkt);
                              break;
                          default:
                              break;
                      }
                  osal_msg_deallocate((uint8 * ) MSGpkt);
                  MSGpkt = ( afIncomingMSGPacket _ t * ) osal _ msg _ receive ( GenericApp _
TaskID);
```

```
                }
            return (events ^ SYS_EVENT_MSG);

        }
    return 0;
}
void GenericApp_MessageMSGCB(afIncomingMSGPacket_t * pkt)
{
    unsigned char buffer[2] = {0x0A,0x0D};
    TEMPRETURE tempreture;
    switch(pkt -> clusterId)
        {
            case GENERICAPP_CLUSTERID:
                osal_memcpy(&tempreture, pkt -> cmd.Data, sizeof(tempreture));
                HalUARTWrite(0, (uint8 * )&tempreture, sizeof(tempreture));
                HalUARTWrite(0, buffer, 2);
                break;
        }
}
```

终端节点编程：

```
//读取温度

int8 readTemp(void)
{
    static uint16 reference_voltage;
    static uint8 bCalibrate = TRUE;
    uint16 value;
    int8 temp;

    ATEST = 0x01;
    TR0| = 0x01;
    ADCIF = 0;

ADCCON3 = (HAL_ADC_REF_115V|HAL_ADC_DEC_256|HAL_ADC_CHN_TEMP);
    while(!ADCIF);
    ADCIF = 0;
    value = ADCL;
    value| = ((uint16)ADCH)<< 8;
    value >> = 4;
    if(bCalibrate)
        {
            reference_voltage = value;
            bCalibrate = FALSE;
        }
```

```
        temp = 22 + ((value - reference_voltage)/4);
        return 22;
}


//终端节点事件处理与无线数据发送
UINT16 GenericApp_ProcessEvent(byte tadk_id, UINT16 events)
{
  afIncomingMSGPacket_t * MSGpkt;
  if(events&SYS_EVENT_MSG)
      {
            MSGpkt = (afIncomingMSGPacket_t * )osal_msg_receive(GenericApp_TaskID);
            while(MSGpkt)
                {
                    switch(MSGpkt -> hdr.event)
                        {
                            case ZDO_STATE_CHANGE:

  GenericApp_NwkState = (devStates_t)(MSGpkt -> hdr.status);
                                if(GenericApp_NwkState == DEV_END_DEVICE)
                                    {
                                        //GenericApp_SendTheMessage();

osal_set_event(GenericApp_TaskID, SEND_DATA_EVENT);
                                    }
                            default:
                                break;
                        }
                    osal_msg_deallocate((uint8 * ) MSGpkt);
                    MSGpkt = (afIncomingMSGPacket_t * )osal_msg_receive(GenericApp_
TaskID);
                }
            return (events ^ SYS_EVENT_MSG);

      }
  if(events&SEND_DATA_EVENT)
      {
          GenericApp_SendTheMessage();
          osal_start_timerEx(GenericApp_TaskID, SEND_DATA_EVENT, 1000);
          return (events ^ SEND_DATA_EVENT);
      }
  return 0;
}


void GenericApp_SendTheMessage(void)
{
```

```
//unsigned char theMessageData[10] = "EndDevice";
int8 tvalue;
TEMPRETURE tempreture;
tempreture.BUF.Head = '&';
tvalue = readTemp();
tempreture.BUF.value[0] = tvalue/10 + '0';
tempreture.BUF.value[1] = tvalue % 10 + '0';
tempreture.BUF.Tail = 'C';


afAddrType_t my_DstAddr;
my_DstAddr.addrMode = (afAddrMode_t)Addr16Bit;
my_DstAddr.endPoint = GENERICAPP_ENDPOINT;
my_DstAddr.addr.shortAddr = 0x0000;
AF_DataRequest(&my_DstAddr, &GenericApp_epDesc, GENERICAPP_CLUSTERID,
                sizeof(tempreture),
                (uint8 *)&tempreture,
                &GenericApp_TransID,
                AF_DISCV_ROUTE,
                AF_DEFAULT_RADIUS);
HalLedBlink(HAL_LED_2,0,50,500);
}
```

2. 系统供电

使用 ZigBee Debuger USB 仿真器连接 PC 和 ZigBee(CC2530)模块,打开 ZigBee 模块开关供电。

3. 建立工程

打开 ZigBee2530 部分\exp\zigbee\无线温度检测\Projects\zstack\Samples\无线温度检测。

编译、运行,通信测试,步骤如前,不再赘述。

4. 项目结果分析及实施过程中可能出现的问题

将程序下载到 CC2530 开发板,打开串口调试助手,波特率设为 115 200,打开协调器、终端节点电源,用手放在终端节点 CC2530 单片机上(这样片内集成的温度传感器就可以感应到温度变化),无线温度检测测试效果如图 1.57 所示。

1.4.6 任务 6：无线透传

基于 Z-Stack 的无线透传使用 IAR 开发环境设计程序,在 ZStack-2.3.0-1.4.0 协议栈源码例程 SampleApp 工程基础上,实现无线透明传输。

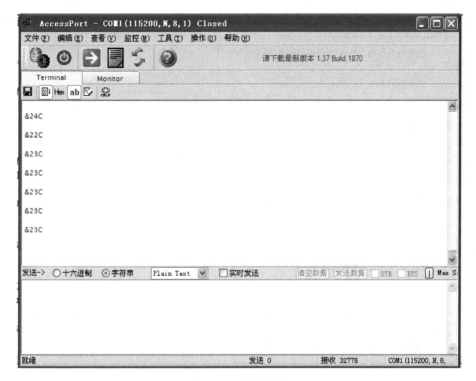

图 1.57　温度数据

1. 源码分析

串口初始化：

```c
halUARTCfg_t uartConfig;
uartConfig.configured       = TRUE;                    //2x30 don't care - see uart driver.
uartConfig.baudRate         = SERIAL_APP_BAUD;
uartConfig.flowControl      = FALSE;
uartConfig.flowControlThreshold = SERIAL_APP_THRESH;
                                                       //2x30 don't care - see uart driver.
uartConfig.rx.maxBufSize    = SERIAL_APP_RX_SZ; //2x30 don't care - see uart driver.
uartConfig.tx.maxBufSize    = SERIAL_APP_TX_SZ; //2x30 don't care - see uart driver.
uartConfig.idleTimeout      = SERIAL_APP_IDLE; //2x30 don't care - see uart driver.
uartConfig.intEnable        = TRUE;            //2x30 don't care - see uart driver.
uartConfig.callBackFunc     = SerialApp_CallBack;
HalUARTOpen (SERIAL_APP_PORT, &uartConfig);
```

串口回调：

```c
static void SerialApp_CallBack(uint8 port, uint8 event)
{
  (void)port;
```

```
    if ((event & (HAL_UART_RX_FULL | HAL_UART_RX_ABOUT_FULL | HAL_UART_RX_TIMEOUT)) &&
#if SERIAL_APP_LOOPBACK
        (SerialApp_TxLen < SERIAL_APP_TX_MAX))
#else
        !SerialApp_TxLen)
#endif
    {
        SerialApp_Send();
    }
}
```

串口数据发送：

```
static void SerialApp_Send(void)
{
#if SERIAL_APP_LOOPBACK
    if (SerialApp_TxLen < SERIAL_APP_TX_MAX)
    {
        SerialApp_TxLen += HalUARTRead(SERIAL_APP_PORT, SerialApp_TxBuf + SerialApp_
TxLen + 1,
SERIAL_APP_TX_MAX - SerialApp_TxLen);
    }

    if (SerialApp_TxLen)
    {
      (void)SerialApp_TxAddr;
      if (HalUARTWrite(SERIAL_APP_PORT, SerialApp_TxBuf + 1, SerialApp_TxLen))
      {
        SerialApp_TxLen = 0;
      }
      else
      {
        osal_set_event(SerialApp_TaskID, SERIALAPP_SEND_EVT);
      }
    }
#else
    if (!SerialApp_TxLen &&
        (SerialApp_TxLen = HalUARTRead(SERIAL_APP_PORT, SerialApp_TxBuf + 1, SERIAL_
APP_TX_MAX)))
    {
      //Pre-pend sequence number to the Tx message.
      SerialApp_TxBuf[0] = ++SerialApp_TxSeq;
    }

    if (SerialApp_TxLen)
    {
      if (afStatus_SUCCESS != AF_DataRequest(&SerialApp_TxAddr,
```

```
                                           (endPointDesc_t * )&SerialApp_epDesc,
                                           SERIALAPP_CLUSTERID1,
                                           SerialApp_TxLen + 1, SerialApp_TxBuf,
                                           &SerialApp_MsgID, 0, AF_DEFAULT_RADIUS))
    {
       osal_set_event(SerialApp_TaskID, SERIALAPP_SEND_EVT);
    }
  }
# endif
}
```

数据接收与消息处理：

```
void SerialApp_ProcessMSGCmd( afIncomingMSGPacket_t * pkt )
{
  uint8 stat;
  uint8 seqnb;
  uint8 delay;

  switch ( pkt -> clusterId )
  {
  //A message with a serial data block to be transmitted on the serial port.
  case SERIALAPP_CLUSTERID1 :
    //Store the address for sending and retrying.
    osal_memcpy(&SerialApp_RxAddr, &(pkt -> srcAddr), sizeof( afAddrType_t ));

    seqnb = pkt -> cmd.Data[0];

    //Keep message if not a repeat packet
    if ( (seqnb > SerialApp_RxSeq) ||                        //Normal
       ((seqnb < 0x80 ) && ( SerialApp_RxSeq > 0x80)) )      //Wrap - around
    {
        //Transmit the data on the serial port.
        if ( HalUARTWrite( SERIAL_APP_PORT, pkt -> cmd.Data + 1, (pkt -> cmd.DataLength - 1) ) )
        {
          //Save for next incoming message
          SerialApp_RxSeq = seqnb;
          stat = OTA_SUCCESS;
        }
        else
        {
          stat = OTA_SER_BUSY;
        }
    }
    else
```

```
    {
        stat = OTA_DUP_MSG;
    }


    //Select approproiate OTA flow - control delay.
    delay = (stat == OTA_SER_BUSY) ? SERIALAPP_NAK_DELAY : SERIALAPP_ACK_DELAY;

    //Build & send OTA response message.
    SerialApp_RspBuf[0] = stat;
    SerialApp_RspBuf[1] = seqnb;
    SerialApp_RspBuf[2] = LO_UINT16( delay );
    SerialApp_RspBuf[3] = HI_UINT16( delay );
    osal_set_event( SerialApp_TaskID, SERIALAPP_RESP_EVT );
    osal_stop_timerEx(SerialApp_TaskID, SERIALAPP_RESP_EVT );
    break;


//A response to a received serial data block.
case SERIALAPP_CLUSTERID2:
  if ((pkt - > cmd.Data[1] == SerialApp_TxSeq) &&
    ((pkt - > cmd.Data[0] == OTA_SUCCESS) || (pkt - > cmd.Data[0] == OTA_DUP_MSG)))
  {
    SerialApp_TxLen = 0;
    osal_stop_timerEx(SerialApp_TaskID, SERIALAPP_SEND_EVT);
  }
  else
  {
    //Re - start timeout according to delay sent from other device.
    delay = BUILD_UINT16( pkt - > cmd.Data[2], pkt - > cmd.Data[3] );
    osal_start_timerEx( SerialApp_TaskID, SERIALAPP_SEND_EVT, delay );
  }
  break;

  case SERIALAPP_CONNECTREQ_CLUSTER:
    SerialApp_ConnectReqProcess((uint8 * )pkt - > cmd.Data);

  case SERIALAPP_CONNECTRSP_CLUSTER:
    SerialApp_DeviceConnectRsp((uint8 * )pkt - > cmd.Data);

  default:
    break;
  }
}
```

事件处理：

```
UINT16 SerialApp_ProcessEvent( uint8 task_id, UINT16 events )
{
  (void)task_id;                        //Intentionally unreferenced parameter
```

```
if ( events & SYS_EVENT_MSG )
{
  afIncomingMSGPacket_t * MSGpkt;

  while ( (MSGpkt = (afIncomingMSGPacket_t * )osal_msg_receive( SerialApp_TaskID )) )
  {
    switch ( MSGpkt -> hdr.event )
    {
    case AF_INCOMING_MSG_CMD:
      SerialApp_ProcessMSGCmd( MSGpkt );
      break;

    case ZDO_STATE_CHANGE:
      SampleApp_NwkState = (devStates_t)(MSGpkt -> hdr.status);
      if ( (SampleApp_NwkState == DEV_ZB_COORD)
          || (SampleApp_NwkState == DEV_ROUTER)
          || (SampleApp_NwkState == DEV_END_DEVICE) )
      {
          //Start sending the periodic message in a regular interval.
          HalLedSet(HAL_LED_1, HAL_LED_MODE_ON);

          if(SampleApp_NwkState != DEV_ZB_COORD)
            SerialApp_DeviceConnect();          //add by 1305106
      }
      else
      {
        //Device is no longer in the network
      }
      break;

    default:
      break;
    }

    osal_msg_deallocate( (uint8 * )MSGpkt );
  }

  return ( events ^ SYS_EVENT_MSG );
}

if ( events & SERIALAPP_SEND_EVT )
{
  SerialApp_Send();
  return ( events ^ SERIALAPP_SEND_EVT );
```

```
    }

    if ( events & SERIALAPP_RESP_EVT )
    {
      SerialApp_Resp();
      return ( events ^ SERIALAPP_RESP_EVT );
    }

    return ( 0 );          //Discard unknown events.
}
```

2. 建立工程

打开 CC2530 目录\exp\zigbee\基于 Z-Stack 协议栈的数据透传模型\. Projects\zstack\Utilities\SerialApp\CC2530DB。

3. 编译、运行

下载协调器与端点工程到两块开发板上。打开两个串口调试窗口,分别连到协调器与端点。串口配置如图 1.58 所示,端口号根据实际情况进行选择。

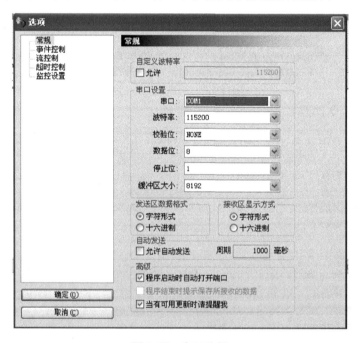

图 1.58 串口选择

当协调器端显示如图 1.59 所示时,表明连接成功。在端点端也是如此。

在端点端会实时地收到如下信息,如图 1.60 所示。

反过来,也可以从端点端输入信息,从协调器端查看信息。

图 1.59　协调器显示

图 1.60　点对点信息显示

1.4.7　任务 7：ZigBee 无线通信模式下的传感器采集数据通信应用系统

基于 ZigBee 无线通信模式下的传感器采集数据通信应用系统设计首先掌握终端传感器数据的采集和传输,用 ZigBee(CC2530)与传感器节点的串口通信协议完成无线传感网络的搭建。

1. 传感器数据说明

传感器状态串口协议如表1.2所示。

表 1.2 传感器状态串口协议

传感器名称	传感器类型编号	传感器输出数据说明
磁检测传感器	0x01	1-有磁场；0-无磁场
光照传感器	0x02	1-有光照；0-无光照
红外对射传感器	0x03	1-有障碍；0-无障碍
红外反射传感器	0x04	1-有障碍；0-无障碍
结露传感器	0x05	1-有结露；0-无结露
酒精传感器	0x06	1-有酒精；0-无酒精
人体检测传感器	0x07	1-有人；0-无人
三轴加速度传感器	0x08	XH，XL，YH，YL，ZH，ZL
声响检测传感器	0x09	1-有声音；0-无声音
温湿度传感器	0x0A	HH，HL，TH，TL
烟雾传感器	0x0B	1-有烟雾；0-无烟雾
振动检测传感器	0x0C	1-有振动；0-无振动
传感器扩展板	0xFF	用户自定义

2. 串口设置

波特率115 200,数据位8,停止位1,无校验位。例如,三轴加速度计算:X轴加速度值=XH×256+XL;Y轴加速度值=YH×256+YL;Z轴加速度值=ZH×256+ZL。湿度值=(HH×256+HL)/10,以％为单位。温度值=(TH×256+TL)/10,以℃为单位。

3. 传感器底层协议

传感器串口通信协议如表1.3所示。

表 1.3 传感器串口通信协议

传感器模块	发送	返回	意义
磁检测传感器	CC EE 01 NO 01 00 00 FF 查询是否有磁场	EE CC 01 NO 01 00 00 00 00 00 00 00 00 FF	无人
		EE CC 01 NO 01 00 00 00 00 00 01 00 00 FF	有人
光照传感器	CC EE 02 NO 01 00 00 FF 查询是否有光照	EE CC 02 NO 01 00 00 00 00 00 00 00 00 FF	无光照
		EE CC 02 NO 01 00 00 00 00 00 01 00 00 FF	有光照

续表

传感器模块	发 送	返 回	意 义
红外对射传感器	CC EE 03 NO 01 00 00 FF 查询红外对射传感器是否有障碍	EE CC 03 NO 01 00 00 00 00 00 00 00 00 FF	无障碍
		EE CC 03 NO 01 00 00 00 00 00 01 00 00 FF	有障碍
红外反射传感器	CC EE 04 NO 01 00 00 FF 查询红外反射传感器是否有障碍	EE CC 04 NO 01 00 00 00 00 00 00 00 00 FF	无障碍
		EE CC 04 NO 01 00 00 00 00 00 01 00 00 FF	有障碍
结露传感器	CC EE 05 NO 01 00 00 FF 查询是否有结露	EE CC 05 NO 01 00 00 00 00 00 00 00 00 FF	无结露
		EE CC 05 NO 01 00 00 00 00 00 01 00 00 FF	有结露
酒精传感器	CC EE 06 NO 01 00 00 FF 查询是否检测到酒精	EE CC 06 NO 01 00 00 00 00 00 00 00 00 FF	无酒精
		EE CC 06 NO 01 00 00 00 00 00 01 00 00 FF	有酒精
人体检测传感器	CC EE 07 NO 01 00 00 FF 查询是否检测到人	EE CC 07 NO 01 00 00 00 00 00 00 00 00 FF	无人
		EE CC 07 NO 01 00 00 00 00 00 01 00 00 FF	有人
三轴加速度传感器	CC EE 08 NO 01 00 00 FF 查询 XYZ 轴加速度	EE CC 08 NO 01 XH XL YH YL ZH ZL 00 00 FF	XYZ 轴加速度
声响检测传感器	CC EE 09 NO 01 00 00 FF 查询是否有声响	EE CC 09 NO 01 00 00 00 00 00 00 00 00 FF	无声响
		EE CC 09 NO 01 00 00 00 00 00 01 00 00 FF	有声响
温湿度传感器	CC EE 0A NO 01 00 00 FF 查询湿度和温度	EE CC 0A NO 01 00 00 HH HL TH TL 00 00 FF	湿度和温度值
烟雾传感器	CC EE 0B NO 01 00 00 FF 查询是否检测到烟雾	EE CC 0B NO 01 00 00 00 00 00 00 00 00 FF	无烟雾
		EE CC 0B NO 01 00 00 00 00 00 01 00 00 FF	有烟雾
振动检测传感器	CC EE 0C NO 01 00 00 FF 查询是否检测到振动	EE CC 0C NO 01 00 00 00 00 00 00 00 00 FF	无振动
		EE CC 0C NO 01 00 00 00 00 00 01 00 00 FF	有振动

4. 源码设计

协调器程序：

```
# include "OSAL.h"
# include "AF.h"
# include "ZDApp.h"
# include "ZDObject.h"
# include "ZDProfile.h"
# include <string.h>
# include "Coordinator.h"
# include "DebugTrace.h"
# if !defined(WIN32)
# include "OnBoard.h"
# endif
# include "hal_led.h"
# include "hal_lcd.h"
# include "hal_key.h"
# include "hal_uart.h"
const cId_t GenericApp_ClusterList[GENERICAPP_MAX_CLUSTERS] = {
GENERICAPP_CLUSTERID \
};
const SimpleDescriptionFormat_t GenericApp_SimpleDesc =
{
  GENERICAPP_ENDPOINT,
  GENERICAPP_PROFID,
  GENERICAPP_DEVICEID,
  GENERICAPP_DEVICE_VERSION,
  GENERICAPP_FLAGS,
  GENERICAPP_MAX_CLUSTERS,
  (cId_t *)GenericApp_ClusterList,
  0,
  (cId_t *)NULL
};
endPointDesc_t GenericApp_epDesc;
byte GenericApp_TaskID;
byte GenericApp_TransID;
unsigned char uartbuf[128];
devStates_t GenericApp_NwkState;
void GenericApp_MessageMSGCB(afIncomingMSGPacket_t * pckt);
void GenericApp_SendTheMessage(void);
void GenericApp_Init(byte task_id)
{
  halUARTCfg_t uartConfig;

  GenericApp_TaskID      = task_id;
  GenericApp_TransID     = 0;
  GenericApp_epDesc.endPoint = GENERICAPP_ENDPOINT;
```

```
    GenericApp_epDesc.task_id = &GenericApp_TaskID;
    GenericApp_epDesc.simpleDesc = (SimpleDescriptionFormat_t *)&GenericApp_SimpleDesc;
    GenericApp_epDesc.latencyReq = noLatencyReqs;
    afRegister(&GenericApp_epDesc);

    uartConfig.configured        = TRUE;
    uartConfig.baudRate          = HAL_UART_BR_115200;
    uartConfig.flowControl       = FALSE;
    uartConfig.callBackFunc      = NULL;
    HalUARTOpen(0,&uartConfig);

}
UINT16 GenericApp_ProcessEvent(byte tadk_id,UINT16 events)
{
    afIncomingMSGPacket_t * MSGpkt;
    if(events&SYS_EVENT_MSG)
        {
            MSGpkt = (afIncomingMSGPacket_t *)osal_msg_receive(GenericApp_TaskID);
            while(MSGpkt)
                {
                    switch(MSGpkt->hdr.event)
                        {
                            case ZDO_STATE_CHANGE:
                                GenericApp_NwkState = (devStates_t)(MSGpkt->hdr.status);
                                if(GenericApp_NwkState == DEV_ZB_COORD)
                                HalLedSet(HAL_LED_1, HAL_LED_MODE_ON);
                                case AF_INCOMING_MSG_CMD:
                                    GenericApp_MessageMSGCB(MSGpkt);
                                    break;
                                    default:
                                        break;
                        }
                    osal_msg_deallocate((uint8 *) MSGpkt);
                    MSGpkt = (afIncomingMSGPacket_t *)osal_msg_receive(GenericApp_
TaskID);
                }
            return (events ^ SYS_EVENT_MSG);
        }
    return 0;
}
void GenericApp_MessageMSGCB(afIncomingMSGPacket_t * pkt)
{
    unsigned char buffer[14];
    int i = 0;
    switch(pkt->clusterId)
        {
            case GENERICAPP_CLUSTERID:
```

```
            osal_memcpy(buffer, pkt->cmd.Data, 14);
                        uartbuf[0] = 0xee;
                        uartbuf[1] = 0xcc;
                        uartbuf[2] = 0x00;
                        uartbuf[3] = 0x00;
                        uartbuf[4] = 0x00;
                        uartbuf[5] = HI_UINT16(pkt->srcAddr.addr.shortAddr);
                        uartbuf[6] = LO_UINT16(pkt->srcAddr.addr.shortAddr);
                        uartbuf[7] = 0x00;
                        uartbuf[8] = 0x00;
uartbuf[9] = HI_UINT16(NLME_GetCoordShortAddr());
uartbuf[10] = LO_UINT16(NLME_GetCoordShortAddr());
                        uartbuf[11] = 0x01;      //state
                        uartbuf[12] = 0x0B;      //chanel
                        uartbuf[13] = pkt->endPoint;
                        for(i = 14;i<= 26;i++)
                        {
                                uartbuf[i] = buffer[i-12];
                        }
                    HalUARTWrite(0,uartbuf,26);
                    HalLedBlink(HAL_LED_2,0,50,500);
        break;
    }
}
```

端点端程序:

```
# include "OSAL.h"
# include "AF.h"
# include "ZDApp.h"
# include "ZDObject.h"
# include "ZDProfile.h"
# include <string.h>

# include "Coordinator.h"

# include "DebugTrace.h"
# if !defined(WIN32)
# include "OnBoard.h"
# endif

# include "hal_led.h"
# include "hal_lcd.h"
# include "hal_key.h"
# include "hal_uart.h"

# define SEND_DATA_EVENT 0x01
```

```
const cId_t GenericApp_ClusterList[GENERICAPP_MAX_CLUSTERS] = {
GENERICAPP_CLUSTERID \
};

const SimpleDescriptionFormat_t GenericApp_SimpleDesc =
{
  GENERICAPP_ENDPOINT,
  GENERICAPP_PROFID,
  GENERICAPP_DEVICEID,
  GENERICAPP_DEVICE_VERSION,
  GENERICAPP_FLAGS,
  0,
  (cId_t * )NULL,
  GENERICAPP_MAX_CLUSTERS,
  (cId_t * )GenericApp_ClusterList,
};
endPointDesc_t GenericApp_epDesc;
byte GenericApp_TaskID;
byte GenericApp_TransID;
devStates_t GenericApp_NwkState;
unsigned char uartbuf[14];

void GenericApp_MessageMSGCB(afIncomingMSGPacket_t * pckt);
void GenericApp_SendTheMessage(void);
static void rxCB(uint8 port, uint8 event);
static void rxCB(uint8 port, uint8 event)
{
  HalUARTRead(0, uartbuf, 14);
        osal_set_event(GenericApp_TaskID,SEND_DATA_EVENT);
}
void GenericApp_Init(byte task_id)
{
  GenericApp_TaskID       = task_id;
  GenericApp_NwkState     = DEV_INIT;
  GenericApp_TransID      = 0;
  GenericApp_epDesc.endPoint = GENERICAPP_ENDPOINT;
  GenericApp_epDesc.task_id = &GenericApp_TaskID;
  GenericApp_epDesc.simpleDesc = (SimpleDescriptionFormat_t * )&GenericApp_SimpleDesc;
  GenericApp_epDesc.latencyReq = noLatencyReqs;
  afRegister(&GenericApp_epDesc);
  halUARTCfg_t uartConfig;
  uartConfig.configured   = TRUE;
  uartConfig.baudRate     = HAL_UART_BR_115200;
  uartConfig.flowControl  = FALSE;
  uartConfig.callBackFunc = rxCB;
  HalUARTOpen(0,&uartConfig);
```

```
}
UINT16 GenericApp_ProcessEvent(byte tadk_id,UINT16 events)
{
  afIncomingMSGPacket_t * MSGpkt;
  if(events&SYS_EVENT_MSG)
      {
            MSGpkt = (afIncomingMSGPacket_t * )osal_msg_receive(GenericApp_TaskID);
            while(MSGpkt)
                {
                    switch(MSGpkt->hdr.event)
                        {
                            case ZDO_STATE_CHANGE:
GenericApp_NwkState = (devStates_t)(MSGpkt->hdr.status);
  if((GenericApp_NwkState == DEV_END_DEVICE) || (GenericApp_NwkState == DEV_ROUTER))
{
    HalLedSet(HAL_LED_1, HAL_LED_MODE_ON);
    osal_set_event(GenericApp_TaskID,SEND_DATA_EVENT);
}
                            default:
                                    break;
                        }
                    osal_msg_deallocate((uint8 * ) MSGpkt);
                    MSGpkt = (afIncomingMSGPacket_t * )osal_msg_receive(GenericApp_
TaskID);
                }
            return (events ^ SYS_EVENT_MSG);

      }
  if(events&SEND_DATA_EVENT)
      {
            GenericApp_SendTheMessage();
            osal_start_timerEx(GenericApp_TaskID,SEND_DATA_EVENT,1000);
            return (events ^ SEND_DATA_EVENT);
      }
  return 0;
}
void GenericApp_SendTheMessage(void)
{

  afAddrType_t my_DstAddr;
  my_DstAddr.addrMode = (afAddrMode_t)Addr16Bit;
  my_DstAddr.endPoint = GENERICAPP_ENDPOINT;
  my_DstAddr.addr.shortAddr = 0x0000;
```

```
if(afStatus_SUCCESS!= AF_DataRequest(&my_DstAddr,
                              &GenericApp_epDesc, GENERICAPP_CLUSTERID,
                              14,
                              uartbuf,
                              &GenericApp_TransID,
                              AF_DISCV_ROUTE,
                              AF_DEFAULT_RADIUS))
    {
      osal_set_event(GenericApp_TaskID, SEND_DATA_EVENT);
    }
```

5. 建立工程

打开\cc2530 目录\exp\zigbee\ticc2530_demo\CC2530D。

6. 编译、运行

将 EndDeviceEB 工程下载到带有传感器的 ZigBee 节点。将 CoordinatorEB 工程下载到根节点。

将根节点用串口与 PC 连接。下面以温湿度传感器与光照传感器进行示范。

(1) 只打开温湿度传感器节点。

温湿度传感数据如图 1.61 所示。

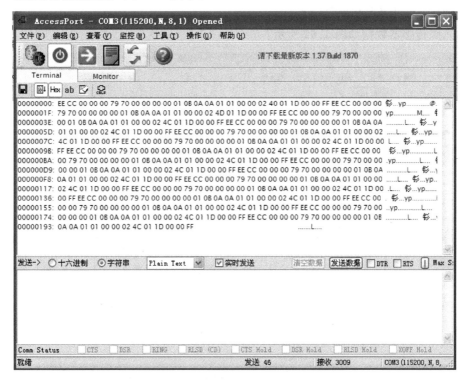

图 1.61 温湿度传感数据显示

对收到的数据进行解析,如表 1.4 所示。

表 1.4　温湿度传感数据解析

说　　明	数　　据	字　节　数
包头	EE CC	2
ZigBee 网络标识	00	1
节点地址	00 0079 70	4
根节点地址	00 00 00 00	4
节点状态	01 已发现	1
节点通道	0B	1
通信端口	0A	1
传感器类型编号	0A	1
相同类型传感器 ID	01	1
节点命令序号	01	1
节点数据	00 00 02 4C 01 1D	6
保留字节	00 00	2
包尾	FF	1

湿度值＝(HH×256＋HL)/10,以％为单位。温度值＝(TH×256＋TL)/10,以℃为单位。代入公式得:当前湿度＝58.8％;当前温度＝28.5℃。

(2) 只打开光照传感器节点。

光照传感器数据如图 1.62 所示。

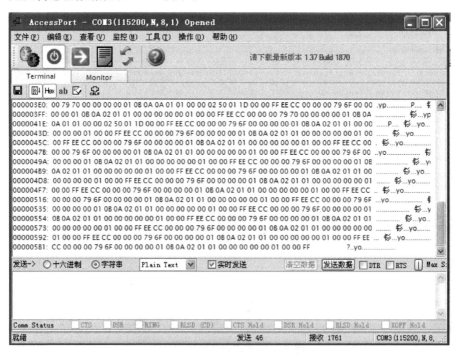

图 1.62　光照传感器数据显示

对收到的数据进行解析,如表1.5所示。

表 1.5　光照传感器数据解析

说　　明	数　　据	字　节　数
包头	EE CC	2
ZigBee 网络标识	00	1
节点地址	00 00 79 6F	4
根节点地址	00 00 00 00	4
节点状态	01 已发现	1
节点通道	0B	1
通信端口	0A	1
传感器类型编号	02	1
相同类型传感器 ID	01	1
节点命令序号	01	1
节点数据	00 00 00 00 00 01 有光照	6
保留字节	00 00	2
包尾	FF	1

第 2 章

RFID(射频识别)

2.1 项目任务

在本项目中要完成以下任务。

(1) RFID(射频识别)硬件模块及接口分析;

(2) RFID(射频识别)软件程序及接口分析;

(3) 使用 RFID 模块,完成自动识别读取 IC 卡设计。

具体任务指标如下:

基于 RFID 的电子钱包应用系统设计。

2.2 项目的提出

"基于 RFID 的电子钱包应用系统设计"是以 RFID 模块为通信基础,采用 8 位 STM8S 为核心处理器,MFRC531 芯片的调制、解调技术,使用 13.56MHz 频段下的被动非接触式通信方式和协议,其上位机 Windows 开发环境使用的是嵌入式集成开发环境 IAR SWSTM8,采用 C51 编程实现自动识别读、写取 IC 卡信息功能,实现 RFID 电子钱包功能。

2.3　实施项目的预备知识

预备知识的重点内容：

(1) 理解 RFID(射频识别)技术的概念、技术特点；

(2) 了解 RFID(射频识别)模块的通信原理；

(3) 重点掌握实现 RFID 电子钱包软件功能；

(4) 重点掌握 RFID 模块读写 IC 卡数据的原理与方法。

关键术语：

RFID(射频识别)[①]：射频识别(RFID)是一种无线通信技术，可以通过无线电信号识别特定目标并读写相关数据，而无须识别系统与特定目标之间建立机械或者光学接触。射频一般是微波，1～100GHz，适用于短距离识别通信。RFID 读写器也分为移动式的和固定式的，目前 RFID 技术应用很广，如图书馆、门禁系统、食品安全溯源等。

预备知识的内容结构：

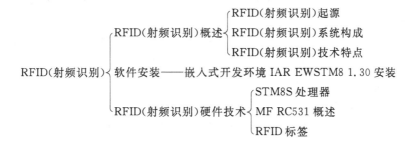

预备知识：

2.3.1　RFID(射频识别)概述

1. RFID(射频识别)起源

RFID(Radio Frequency Identification)技术作为构建"物联网"的关键技术近年来受到人们的关注。RFID 是一种简单的无线系统，只有两个基本器件，该系统用于控

---

① http://baike.baidu.com/link?url=jpuqwtrjVEvHcEVu3olgt3FiEcJ51tymotl7PF4n55Rp2okHM8_rGlm IDky2Ja9fbQLzJbZPeqi2UWsNOo7fct2VstIhqyzx01_pyW8rRVumoGNSVThNU33JnCEfky1wX0CtGdQYdN3LS 0hlqIFX9jsP5z8Ua3NV4udn67qZnGjQLFIFFFsfuGZn5NzODMOe

制、检测和跟踪物体。系统由一个询问器和很多应答器组成。

1941—1950年,雷达的改进和应用催生了RFID技术,目前已发展成为一种生机勃勃的AIDC(Auto Identification and Data Collection,自动识别与数据采集)新技术。其中,1948年哈里·斯托克曼发表的"利用反射功率的通信"奠定了RFID技术的理论基础。

1951—1960年,早期RFID技术的探索阶段,主要处于实验室实验研究。

1961—1970年,RFID技术的理论得到了发展,开始了一些应用尝试。例如,用电子防盗器(EAS)来对付商场里的窃贼,该防盗器使用存储量只有1个比特的电子标签来表示商品是否已售出,这种电子标签的价格不仅便宜,而且能有效地防止偷窃行为,这是首个RFID技术在世界范围的商用示例。

1971—1980年,RFID技术与产品研发处于一个大发展时期,各种RFID技术测试得到加速,在工业自动化和动物追踪方面出现了一些最早的商业应用及标准,如工业生产自动化、动物识别、车辆跟踪等。

1981—1990年,RFID技术及产品进入商业应用阶段,开始较大规模的应用,但在不同的国家对射频识别技术应用的侧重点不尽相同,美国人关注的是交通管理、人员控制,欧洲则主要关注动物识别以及工商业的应用。

1991—2000年,射频识别技术的厂家和应用日益增多,相互之间的兼容和连接成了困扰RFID技术发展的瓶颈,所以RFID技术标准化问题日趋为人们所重视,希望通过全球统一的RFID标准,使射频识别产品得到更广泛的应用,使其成为人们生活中的重要组成部分。

2001年至今,RFID技术的理论得到丰富和完善,RFID产品种类更加丰富,有源电子标签、无源电子标签及半无源电子标签均得到发展,单芯片电子标签、多电子标签识读、无线可读可写、无源电子标签的远距离识别、适应高速移动物体的射频识别技术与产品正在成为现实并走向应用。

2009年8月,温家宝总理到无锡物联网产业研究院考察物联网的建设工作时提出"感知中国"的概念,RFID技术必将和传感器网一起构成物联网的前端数据采集平台,是物联网技术的主要组成部分。

2. RFID(射频识别)系统构成

射频识别系统包括:射频(识别)标签、射频识别读写设备(读写器)、应用软件。RFID应用典型系统结构如图2.1所示。

射频识别标签(TAG):又称射频标签、电子标签,主要由存有识别代码的大规模集成线路芯片和收发天线构成。每个标签具有唯一的电子编码,附着在物体上标识目标对象。

读写器(Reader):射频识别读写设备,是连接信息服务系统与标签的纽带,主要起到目标识别和信息读取(有时还可以写入)的功能。标签是被识别的目标,是信息的载体。

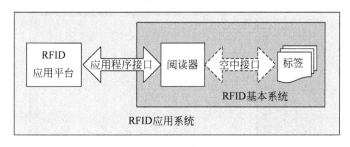

图 2.1 RFID 应用系统结构图

应用软件：针对各个不同应用领域的管理软件。

3. RFID(射频识别)技术特点

(1) 读取方便快捷：数据的读取无须光源，甚至可以通过外包装来进行。有效识别距离更大，采用自带电池的主动标签时，有效识别距离可达到 30m 以上。

(2) 识别速度快：标签一进入磁场，解读器就可以即时读取其中的信息，而且能处理多个标签，实现批量识别。

(3) 数据容量大：数据容量最大的二维条形码(PDF417)，最多也只能容纳 2725 个数字，如果包含字母，存储容量则会更少；RFID 标签则可以根据用户的需要扩充到数十 KB。

(4) 使用寿命长，应用范围广：无线电通信方式，使其可以应用于粉尘、油污等高污染环境和放射性环境，而且其封闭式包装使其大大超过印刷的条形码的使用寿命。

(5) 标签数据可动态更改：利用编程器可以向标签写入数据，从而赋予 RFID 标签交互式便携数据文件的功能，而且写入时间相比打印条形码更少。

(6) 更高的安全性：不仅可以嵌入或附着在不同形状、类型的产品上，而且可以为标签数据的读写设置密码保护，从而具有更高的安全性。

(7) 通道实时通信：标签以 50～100 次/秒的频率与解读器进行通信，所以只要 RFID 标签所附着的物体出现在解读器有效识别的范围内，就可以对其位置进行动态追踪和监控。

2.3.2 软件安装

嵌入式开发环境 IAR EWSTM8 1.30 安装

IAR EWSTM8 1.30 是上位机 Windows 的嵌入式集成开发环境，该开发环境针对目标处理器集成了良好的函数库和工具支持，其安装过程如下。

(1) 进入安装页面，单击 Install 按钮，开始安装，如图 2.2 和图 2.3 所示。

(2) 进入 License 输入界面，输入 License，单击 Next 按钮，如图 2.4 所示。

图 2.2　开始安装

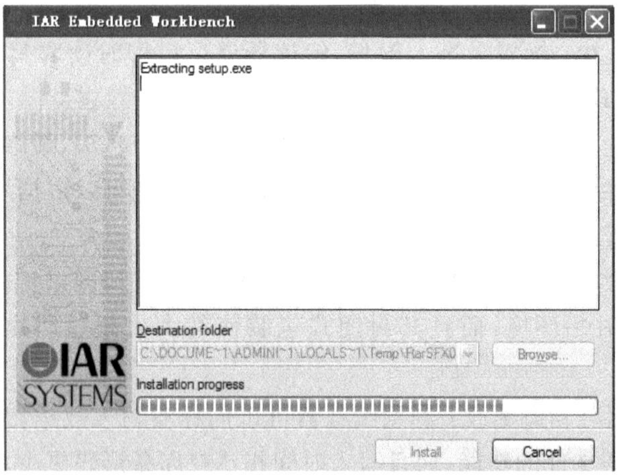

图 2.3　下一步安装

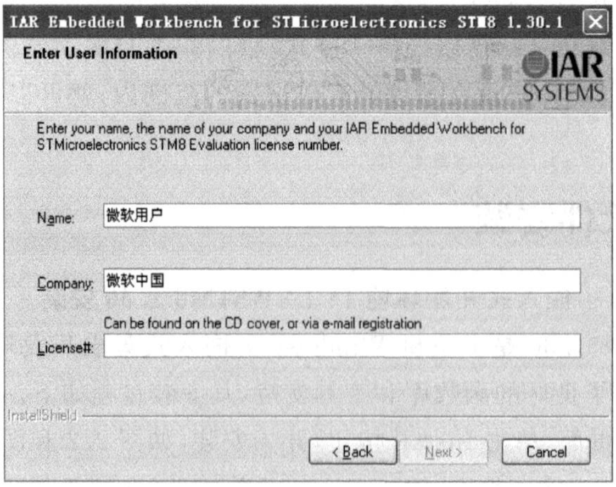

图 2.4　输入 License

(3) 输入 STM8 的 License number 和 Key,单击 Next 按钮,如图 2.5 所示。

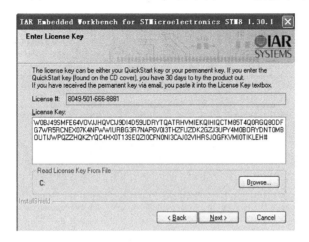

图 2.5　输入 Key

(4) 选择 IAR 软件安装路径,单击 Next 按钮,如图 2.6 所示。

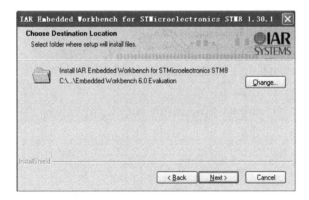

图 2.6　默认 C 盘安装路径

(5) 单击 Install 按钮,开始安装,如图 2.7 所示。

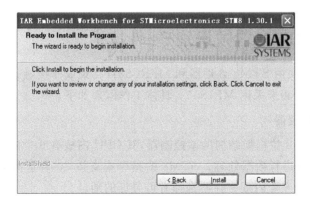

图 2.7　开始安装

（6）进入安装过程，如图 2.8 所示。

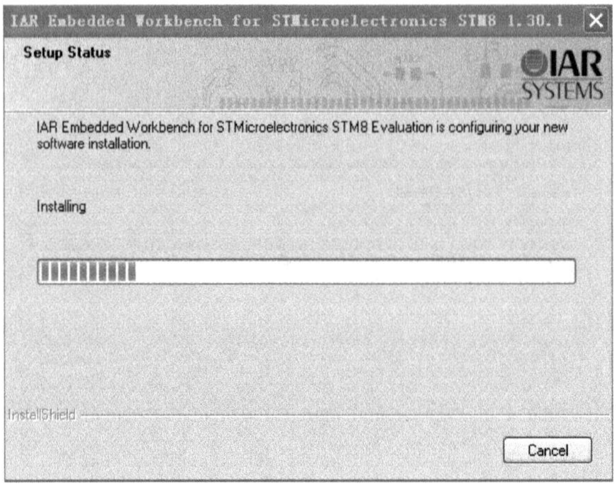

图 2.8　安装中

（7）安装完成，如图 2.9 所示。

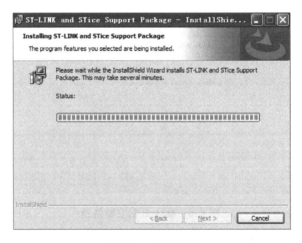

图 2.9　安装完成

2.3.3　RFID(射频识别)硬件技术

RFID 识读模块由 STM8 处理器和 MFRC531(高集成非接触读写芯片)两片芯片搭建而成，RFID 射频卡采用 MF1S50。具体工作原理如下。

1. STM8S 处理器

STM8 是基于 8 位框架结构的微控制器，其 CPU 内核有 6 个内部寄存器，通过这些寄存器可高效地进行数据处理。STM8 的指令集支持 80 条基本语句及 20 种寻址模式，而且 CPU 的 6 个内部寄存器都拥有可寻址的地址。

STM8 内部的 FLASH 程序存储器和数据 EEPROM 由一组通用寄存器来控制。

用户可以使用这些寄存器来编程或擦除存储器的内容、设置写保护或者配置特定的低功耗模式。用户也可以对器件的选项字节(Option Byte)进行编程。

STM8S EEPROM 分为两个存储器阵列：①最多至 128KB 的 FLASH 程序存储器，不同的器件容量有所不同；②最多至 2KB 的数据 EEPROM(包括 Option Byte)，不同的器件容量有所不同。

编程模式：①字节编程和自动快速字节编程(没有擦除操作)；②字编程；③块编程和快速块编程(没有擦除操作)；④在编程/擦除操作结束时和发生非法编程操作时产生中断。

读同时写(RWW)功能，该特性并不是所有 STM8S 器件都拥有。

在应用编程(IAP)和在线编程(ICP)能力。

保护特性：①存储器读保护(ROP)；②基于存储器存取安全系统(MASS 密钥)的程序存储器写保护；③基于存储器存取安全系统(MASS 密钥)的数据存储器写保护；④可编程的用户启动代码区域(UBC)写保护。

在待机(Halt)模式和活跃待机(Active-halt)模式下，存储器可配置为运行状态和掉电状态。

数据 EEPROM(DATA)区域可用于存储用户具体项目所需的数据。默认情况下，DATA 区域是写保护的，这样可以在主程序工作在 IAP 模式时防止 DATA 区域被无意地修改。只有使用特定的 MASS 密钥才能对 DATA 区域的写保护解锁(详见 STM8 数据手册)。

2. MF RC531 概述

MF RC531 应用于 13.56MHz 非接触式通信中高集成读写卡芯片系列中。该读写卡芯片系列利用了先进的调制和解调概念，集成了在 13.56MHz 下所有类型的被动非接触式通信方式和协议。芯片管脚兼容 MF RC500、MF RC530 和 SL RC400。

MF RC531 支持 ISO/IEC14443A/B 的所有层和 MIFARE® 经典协议，以及与该标准兼容的标准。支持高速 MIFARE® 非接触式通信波特率。内部的发送器部分不需要增加有源电路就能够直接驱动近操作距离的天线(可达 100mm)。接收器部分提供一个坚固而有效的解调和解码电路，用于 ISO 14443A 兼容的应答器信号。

数字部分处理 ISO 14443A 帧和错误检测(奇偶 &CRC)。此外，它还支持快速 CRYPTO1 加密算法，用于验证 MIFARE 系列产品。与主机通信模式有 8 位并行和 SPI 模式，用户可根据不同的需求选择不同的模式，这样给读卡器/终端的设计提供了极大的灵活性。MF RC531 连接 STM8S 电路图如图 2.10 所示。

MF RC531 性质如下：①高集成度的调制解调电路；②采用少量外部器件，即可输出驱动级接至天线；③最大工作距离 100mm；④MF RC531 适用于各种基于 ISO/IEC 14443 标准，并且要求低成本、小尺寸、高性能以及单电源的非接触式通信的应用场合；⑤支持非接触式高速通信模式，波特率可达 424kb/s；⑥采用 Crypto1 加密算法并含有安全的非易失性内部密匙存储器；⑦与主机通信的两种接口：并行接口和 SPI，可满足不同用户的需求；⑧在短距离应用中，发送器(天线驱动)可以用 3.3V 供

电;⑨用户可编程初始化配置,唯一的序列号;⑩灵活的中断处理;64B 发送和接收
FIFO 缓冲区等功能,如图 2.11 所示。

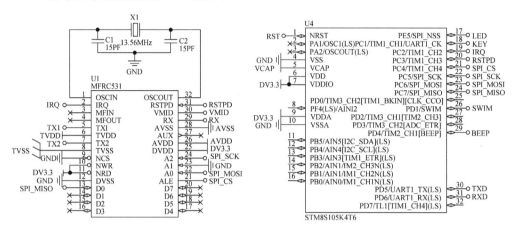

图 2.10　MF RC531 连接 STM8S 电路图

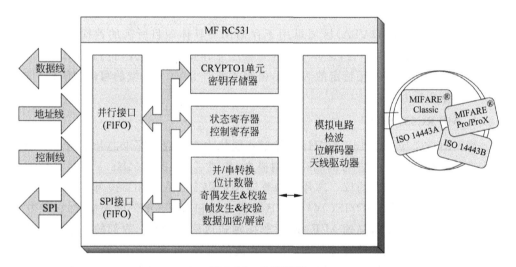

图 2.11　功能框图

　　并行微控制器接口自动检测连接的 8 位并行接口的类型。它包含一个双向 FIFO
缓冲区和一个可配置的中断输出。这样就为连接各种 MCU 提供了很大的灵活性。
即使使用非常低成本的器件也能满足高速非接触式通信的要求。带 FIFO 的 SPI 从
机接口,其串行时钟 SCK 由主机提供。

　　数据处理部分执行数据的并行－串行转换。它支持的帧包括 CRC 和奇偶校验。
它以完全透明的模式进行操作,因而支持 ISO 14443A 的所有层。状态和控制部分允
许对器件进行配置以适应环境的影响并将性能调节到最佳状态。当与 MIFARE
Standard 和 MIFARE 产品通信时,使用高速 CRYPTO1 流密码单元和一个可靠的非
易失性密匙存储器。

　　模拟电路包含一个具有非常低阻抗桥驱动器输出的发送部分。这使得最大操作距离可达 100mm。接收器可以检测到并解码非常弱的应答信号。由于采用了非常先进的技术,接收器已不再是限制操作距离的因素了。

　　该器件为 32 脚 SO 封装。器件使用了三个独立的电源以实现在 EMC 特性和信号解耦方面达到最佳性能。MF RC531 具有出色的 RF 性能并且模拟和数字部分可适应不同的操作电压,如图 2.12 所示。

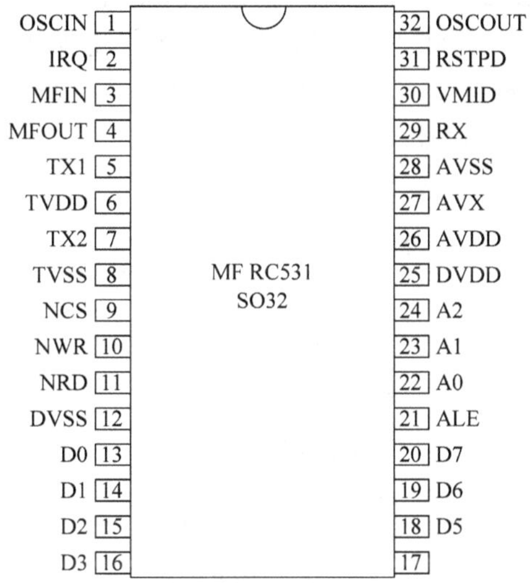

图 2.12　管脚图

非接触式天线使用以下 4 个管脚,如表 2.1 所示。

表 2.1　天线管脚描述

名　　称	类　　型	功　　能
TX1,TX2	输出缓冲	天线驱动器
WMID	模拟	参考电压
RX	输入模拟	天线输入信号

　　为了驱动天线,MF RC531 通过 TX1 和 TX2 提供 13.56MHz 的能量载波。根据寄存器的设定对发送数据进行调制得到发送的信号。卡采用 RF 场的负载调制进行响应。天线拾取的信号经过天线匹配电路送到 RX 脚。MF RC531 内部接收器对信号进行检测和解调并根据寄存器的设定进行处理。然后数据发送到并行接口由微控制器进行读取。

　　MF RC531 支持 MIFARE® 有源天线的概念。它可以处理管脚 MFIN 和 MFOUT 处的 MIFARE® 核心模块的基带信号 NPAUSE 和 KOMP。MIFARE 接口管脚如表 2.2 所示。

表 2.2　MIFARE 接口管脚描述

名　　称	类　　型	功　　能
MFIN	带施密特触发器的输入	MIFARE 接口输入
MFOUT	输出	MIFARE 接口输出

MIFARE® 接口可采用下列方式与 MF RC531 的模拟或数字部分单独通信：① 模拟电路可通过 MIFARE 接口独立使用。在这种情况下，MFIN 连接到外部产生的 NPAUSE 信号。MFOUT 提供 KOMP 信号。② 数字电路可通过 MIFARE® 接口驱动外部信号电路。在这种情况下，MFOUT 提供内部产生的 NPAUSE 信号而 MFIN 连接到外部输入的 KOMP 信号。

4 线 SPI 接口如表 2.3 所示。

表 2.3　SPI 接口管脚描述

名称	类　　型	功　　能
A0	带施密特触发器的 I/O	MOSI
A1	带施密特触发器的 I/O	SCK
D0	带施密特触发器的 I/O	MISO
ALE	带施密特触发器的 I/O	NSS

3. RFID 标签

MF1 S50 为 1K 位 EEPROM；分为 16 个扇区，每个扇区为 4 块，每块 16B，以块为存取单位；每个扇区有独立的一组密码及访问控制；每张卡有唯一序列号，为 32 位；具有防冲突机制，支持多卡操作；无电源，自带天线，内含加密控制逻辑和通信逻辑电路；数据保存期为 10 年，可改写 10 万次，读无限次；工作温度 -20~50℃（温度为 90%）；工作频率 13.56MHz；通信速率 106kb/s；读写距离 10mm 以内（与读写器有关）。

2.4　项目实施

2.4.1　任务 1：RFID 自动读卡

利用 STM8 处理器和 MFRC531(高集成非接触读写芯片)两片芯片构成射频识别设备，通过串口连接 PC 端，完成自动识别读取 IC 卡卡号功能。

1. 源码实现

```
//////////////////////////////////////////////////////////////////
//功　　能：寻卡
```

```
//参数说明: req_code[IN]:寻卡方式
//              0x52 = 寻感应区内所有符合 14443A 标准的卡
//              0x26 = 寻未进入休眠状态的卡
//         pTagType[OUT]:卡片类型代码
//              0x4400 = Mifare_UltraLight
//              0x0400 = Mifare_One(S50)
//              0x0200 = Mifare_One(S70)
//              0x0800 = Mifare_Pro
//              0x0403 = Mifare_ProX
//              0x4403 = Mifare_DESFire
//返    回: 成功返回 MI_OK
//////////////////////////////////////////////////////////////////
signed char PcdRequest(unsigned char req_code, unsigned char * pTagType)
{
    signed char status;
    struct TransceiveBuffer MfComData;
    struct TransceiveBuffer * pi;
    pi = &MfComData;
    MFRC531_WriteReg(RegChannelRedundancy, 0x03);
    MFRC531_ClearBitMask(RegControl, 0x08);
    MFRC531_WriteReg(RegBitFraming, 0x07);
    MFRC531_SetBitMask(RegTxControl, 0x03);
    MFRC531_SetTimer(4);
    MfComData.MfCommand = PCD_TRANSCEIVE;
    MfComData.MfLength = 1;
    MfComData.MfData[0] = req_code;
    status = MFRC531_ISO14443_Transceive(pi);
    if (!status)
    {
        if (MfComData.MfLength != 0x10)
        {   status = MI_BITCOUNTERR; }
    }
    * pTagType     = MfComData.MfData[0];
    * (pTagType + 1) = MfComData.MfData[1];
    return status;
}
//////////////////////////////////////////////////////////////////
//将存在 RC531 的 EEPROM 中的密钥匙调入 RC531 的 FIFO
//input: startaddr = EEPROM 地址
//////////////////////////////////////////////////////////////////
char PcdLoadKeyE2(unsigned int startaddr)
{
    char status;
    struct TransceiveBuffer MfComData;
    struct TransceiveBuffer * pi;
```

```
    pi = &MfComData;
    MfComData.MfCommand = PCD_LOADKEYE2;
    MfComData.MfLength = 2;
    MfComData.MfData[0] = startaddr & 0xFF;
    MfComData.MfData[1] = (startaddr >> 8) & 0xFF;
    status = MFRC531_ISO14443_Transceive(pi);
     return status;
}
///////////////////////////////////////////////////////////////
//功能: 将已转换格式后的密钥送到 RC531 的 FIFO 中
//input:keys = 密钥
///////////////////////////////////////////////////////////////
signed char PcdAuthKey(unsigned char * pKeys)
{
    signed char status;
    struct TransceiveBuffer MfComData;
    struct TransceiveBuffer * pi;
    pi = &MfComData;
    MFRC531_SetTimer(4);
    MfComData.MfCommand = PCD_LOADKEY;
    MfComData.MfLength = 12;
    memcpy(&MfComData.MfData[0], pKeys, 12);
    status = MFRC531_ISO14443_Transceive(pi);
    return status;
}
///////////////////////////////////////////////////////////////
//功能: 用存放 RC531 的 FIFO 中的密钥和卡上的密钥进行验证
//input:auth_mode = 验证方式,0x60:验证 A 密钥,0x61:验证 B 密钥
//     block = 要验证的绝对块号
//     g_cSNR = 序列号首地址
///////////////////////////////////////////////////////////////
signed char PcdAuthState(unsigned char auth_mode, unsigned char block, unsigned char *
pSnr)
{
    signed char status;
    struct TransceiveBuffer MfComData;
    struct TransceiveBuffer * pi;
    pi = &MfComData;
    MFRC531_WriteReg(RegChannelRedundancy,0x0F);
    MFRC531_SetTimer(4);
    MfComData.MfCommand = PCD_AUTHENT1;
    MfComData.MfLength = 6;
    MfComData.MfData[0] = auth_mode;
    MfComData.MfData[1] = block;
    memcpy(&MfComData.MfData[2], pSnr, 4);
```

```
        status = MFRC531_ISO14443_Transceive(pi);
        if (status == MI_OK)
        {
            if (MFRC531_ReadReg(RegSecondaryStatus) & 0x07)
            {   status = MI_BITCOUNTERR; }
            else
            {
                MfComData.MfCommand = PCD_AUTHENT2;
                MfComData.MfLength = 0;
                status = MFRC531_ISO14443_Transceive(pi);
                if (status == MI_OK)
                {
                    if (MFRC531_ReadReg(RegControl) & 0x08)
                    {   status = MI_OK; }
                    else
                    {   status = MI_AUTHERR; }

                }
            }
        }
    }
    return status;
}
///////////////////////////////////////////////////////////////////////
//读 mifare_one 卡上一块(block)数据(16 字节)
//input: addr = 要读的绝对块号
//output:readdata = 读出的数据
///////////////////////////////////////////////////////////////////////
signed char PcdRead(unsigned char addr,unsigned char * pReaddata)
{
    signed char status;
    struct TransceiveBuffer MfComData;
    struct TransceiveBuffer * pi;
    pi = &MfComData;
    MFRC531_SetTimer(4);
    MFRC531_WriteReg(RegChannelRedundancy,0x0F);
    MfComData.MfCommand = PCD_TRANSCEIVE;
    MfComData.MfLength = 2;
    MfComData.MfData[0] = PICC_READ;
    MfComData.MfData[1] = addr;
    status = MFRC531_ISO14443_Transceive(pi);
    if (status == MI_OK)
    {
        if (MfComData.MfLength != 0x80)
        {   status = MI_BITCOUNTERR; }
        else
        {   memcpy(pReaddata, &MfComData.MfData[0], 16); }
    }
```

```
        return status;
}
//////////////////////////////////////////////////////////////////////
//写数据到卡上的一块
//input:adde = 要写的绝对块号
//       writedata = 写入数据
//////////////////////////////////////////////////////////////////////
signed char PcdWrite(unsigned char addr,unsigned char * pWritedata)
{
    signed char status;
    struct TransceiveBuffer MfComData;
    struct TransceiveBuffer * pi;
    pi = &MfComData;
    MFRC531_SetTimer(5);
    MFRC531_WriteReg(RegChannelRedundancy,0x07);
    MfComData.MfCommand = PCD_TRANSCEIVE;
    MfComData.MfLength = 2;
    MfComData.MfData[0] = PICC_WRITE;
    MfComData.MfData[1] = addr;
    status = MFRC531_ISO14443_Transceive(pi);
    if (status != MI_NOTAGERR)
    {
        if(MfComData.MfLength != 4)
        {   status = MI_BITCOUNTERR; }
        else
        {
            MfComData.MfData[0] &= 0x0F;
            switch (MfComData.MfData[0])
            {
                case 0x00:
                    status = MI_NOTAUTHERR;
                    break;
                case 0x0A:
                    status = MI_OK;
                    break;
                default:
                    status = MI_CODEERR;
                    break;
            }
        }
    }
    if (status == MI_OK)
    {
        MFRC531_SetTimer(5);
        MfComData.MfCommand = PCD_TRANSCEIVE;
        MfComData.MfLength = 16;
        memcpy(&MfComData.MfData[0], pWritedata, 16);
```

```
            status = MFRC531_ISO14443_Transceive(pi);
            if (status != MI_NOTAGERR)
            {
                MfComData.MfData[0] &= 0x0F;
                switch(MfComData.MfData[0])
                {
                    case 0x00:
                        status = MI_WRITEERR;
                        break;
                    case 0x0A:
                        status = MI_OK;
                        break;
                    default:
                        status = MI_CODEERR;
                        break;
                }
            }
            MFRC531_SetTimer(4);
        }
    return status;
}
////////////////////////////////////////////////////////////////////
//命令卡进入休眠状态
////////////////////////////////////////////////////////////////////
signed char PcdHalt()
{
    signed char status = MI_OK;
    struct TransceiveBuffer MfComData;
    struct TransceiveBuffer * pi;
    pi = &MfComData;
    MfComData.MfCommand = PCD_TRANSCEIVE;
    MfComData.MfLength = 2;
    MfComData.MfData[0] = PICC_HALT;
    MfComData.MfData[1] = 0;
    status = MFRC531_ISO14443_Transceive(pi);
    if (status)
    {
        if (status == MI_NOTAGERR || status == MI_ACCESSTIMEOUT)
        status = MI_OK;
    }
    MFRC531_WriteReg(RegCommand, PCD_IDLE);
    return status;
}
//硬件版本号
const unsigned char hardmodel[12] = {"SL601F - 0512"};
unsigned char g_bReceOk;        //正确接收到上位机指令标志
```

```
unsigned char g_bReceAA;            //接收到上位机发送的 AA 字节标志
unsigned char g_bRc531Ok;           //RC531 复位正常标志
unsigned int g_cReceNum;            //接收到上位机的字节数
unsigned int g_cCommand;            //接收到的命令码
unsigned char g_cSNR[4];            //M1 卡序列号
unsigned char g_cIcdevH;            //设备标记
unsigned char g_cIcdevL;            //设备标记
unsigned char g_cFWI;               //
unsigned char g_cCidNad;            //
unsigned char g_cReceBuf[64];       //和上位机通信时的缓冲区
        UART2_Cmd(ENABLE);
    }
}
///////////////////////////////////////////////////////////////////
//响应上位机发送的读取硬件版本号命令
///////////////////////////////////////////////////////////////////
void ComGetHardModel(void)
{
    memcpy(&g_cReceBuf[0], &hardmodel[0], sizeof(hardmodel));
    AnswerOk(&g_cReceBuf[0], sizeof(hardmodel));
}
///////////////////////////////////////////////////////////////////
//响应上位机发送的设置 RC531 协议命令,ISO 14443A/B
///////////////////////////////////////////////////////////////////
void ComPcdConfigISOType(void)
{
    if (MI_OK == MFRC531_CfgISOType(g_cReceBuf[6]))
    {    AnswerCommandOk(); }
    else
    {    AnswerErr(-1); }
}
    ///////////////////////////////////////////////////////////////
//响应上位机发送的天线命令
///////////////////////////////////////////////////////////////////
void ComPcdAntenna(void)
{
    char status;
    if (!g_cReceBuf[6])
    {    status = MFRC531_CloseAnt(); }
    else
    {
        delay_ms(10);
        status = MFRC531_OpenAnt();
        delay_ms(10);
    }
    if (status == MI_OK)
    {    AnswerCommandOk();   }
```

```
        else
        {    AnswerErr(FAULT10);   }
}
///////////////////////////////////////////////////////////////////
//响应上位机发送的 A 卡休眠命令
///////////////////////////////////////////////////////////////////
void ComHlta(void)
{
    if (MI_OK == PcdHalt())
    {    AnswerCommandOk(); }
    else
    {    AnswerErr(FAULT10); }
}
///////////////////////////////////////////////////////////////////
//正确执行完上位机指令,应答(有返回数据)
//input: answerdata = 应答数据
//        answernum = 数据长度
///////////////////////////////////////////////////////////////////
void AnswerOk(unsigned char * answerdata, unsigned int answernum)
{
    unsigned char chkdata;
    unsigned int i;
    disableInterrupts();
    UART2_SendByte(0xAA);                    //发送命令头
    UART2_SendByte(0xBB);
    chkdata = (((unsigned char)((answernum + 6) & 0xFF))); //长度字,包括状态字和效验字
    UART2_SendByte(chkdata);
    chkdata = (((unsigned char)(((answernum + 6)>> 8) & 0xFF)));
    UART2_SendByte(chkdata);
    UART2_SendByte(g_cIcdevH);              //发送设备标识
    if (g_cIcdevH == 0xAA)
    {
    UART2_SendByte(0);
    }
    UART2_SendByte(g_cIcdevL);
    if (g_cIcdevL == 0xAA)
    {
    UART2_SendByte(0);
    }
    i = (unsigned char)(g_cCommand & 0xFF);  //发送命令码
    UART2_SendByte(i);
    chkdata ^= i;
    i = (unsigned char)((g_cCommand >> 8) & 0xFF);
    UART2_SendByte(i);
    chkdata ^= i;
    UART2_SendByte(0);                        //发送状态字
      chkdata ^= g_cIcdevH ^ g_cIcdevL;
```

```
for (i = 0; i < answernum; i++)
{
    chkdata ^ = * (answerdata + i);
    UART2_SendByte( * (answerdata + i));
        if ( * (answerdata + i) == 0xAA)
        {
            UART2_SendByte(0);
        }
}
UART2_SendByte(chkdata);              //校验字
if (chkdata == 0xAA)
{
    UART2_SendByte(0);
}
enableInterrupts();
}
```

2. 硬件连接

RFID 模块插到箱的主板上的串口(注意：不要插到无线模块上的串口,直接插到主板上的串口),再把 ST-Link 插到标有 ST-Link 标志的串口上,最后把仿真器一端的 USB 线插到 PC 的 USB 端口,通过主板上的"加"、"减"按键调整要实验的 RFID 模块(会有黄色 LED 灯提示),硬件连接完毕。

3. 建立工程

在 IAR SWSTM8 1.30 软件环境中,打开..\ RFID _ 读卡号 \ Project \ MFRC531 _ ATM8.eww,如图 2.13 所示。

4. 编译、运行

在 IAR 开发环境中编译、运行、调试程序。单击 Project 下面的 Rebuil All 或者选中工程文件右击选择 Rebuild All 把工程编译一下,如图 2.14 所示。

单击 Rebuild All 命令编译完后,无警告,无错误。编译完后要把程序烧到模块里,单击

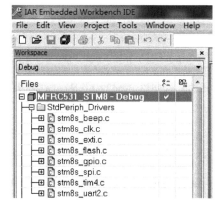

图 2.13　IAR SWSTM8 1.30 软件环境

中间的 Download and Debug 按钮,烧录成功会听到蜂鸣器响一声。

5. 通信测试

把传感器模块连接到串口转 USB 模块上将 USB2UART 模块的 USB 线连接到 PC 的 USB 端口,然后打开串口工具,配置好串口,波特率 115 200,8 个数据位,一个停止位,无校验位,串口开始工作,无卡时串口返回：EE CC FE NO 01 00 00 00 00 00 00 00 00 FF,当有卡时串口返回 EE CC FE NO 01 01 00 7B DA 08 E4 00 00 FF,如图 2.15 所示。

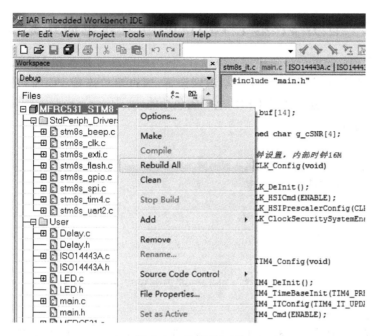

图 2.14 Rebuild All

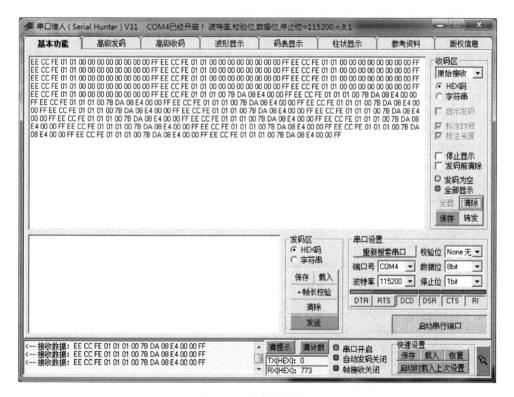

图 2.15 通信测试结果

2.4.2 任务2：基于 RFID 的电子钱包应用系统设计

"基于 RFID 的电子钱包应用系统设计"利用 STM8 处理器和 MFRC531(高集成非接触读写芯片)两片芯片构成射频识别设备,通过串口连接 PC 端,完成自动识别读、写取 IC 卡信息功能,实现 RFID 电子钱包功能

1. 源码实现

```
//RC531 初始化,上电后需要延时一段时间 500ms
signed char MFRC531_Init(void)
{
    signed char status = MI_OK;
    signed char n = 0xFF;
    unsigned int i = 3000;
    //CS - PC4
    GPIO_Init(MFRC531_CS_PORT, MFRC531_CS_PIN, GPIO_MODE_OUT_PP_HIGH_FAST);
    MFRC531_SPI_DIS();
    //RST - PC3
    GPIO_Init(MFRC531_RST_PORT, MFRC531_RST_PIN, GPIO_MODE_OUT_PP_HIGH_FAST);
//读寄存器
unsigned char MFRC531_ReadReg(unsigned char addr)
{
    unsigned char SndData;
    unsigned char ReData;
        //处理第一个字节,bit7:MSB = 1,bit6~1:addr,bit0:0
    SndData = (addr << 1);
    SndData |= 0x80;
    SndData &= 0xFE;
     MFRC531_SPI_EN();
    SPI_RWByte(SndData);
    ReData = SPI_RWByte(0x00);
    MFRC531_SPI_DIS();
    return ReData;
}
//写寄存器
void MFRC531_WriteReg(unsigned char addr, unsigned char data)
{
    unsigned char SndData;
     //处理第一个字节,bit7:MSB = 0,bit6~1:addr,bit0:0
    SndData = (addr << 1);
    SndData &= 0x7E;
    MFRC531_SPI_EN();
    SPI_RWByte(SndData);
    SPI_RWByte(data);
```

```
    MFRC531_SPI_DIS();
}
//置 RC531 寄存器位
void MFRC531_SetBitMask(unsigned char addr,unsigned char mask)
{
    unsigned char temp;
    temp = MFRC531_ReadReg(addr);
    MFRC531_WriteReg(addr, temp | mask);
}
//清 RC531 寄存器位
void MFRC531_ClearBitMask(unsigned char addr,unsigned char mask)
{
    unsigned char temp;
    temp = MFRC531_ReadReg(addr);
    MFRC531_WriteReg(addr, temp & ~mask);
}
//清空缓冲区
unsigned char MFRC531_ClearFIFO(void)
{
    unsigned char i;
     MFRC531_SetBitMask(RegControl, 0x01);
    delay_us(100);
    //判断 FIFO 是否被清楚
    i = MFRC531_ReadReg(RegFIFOLength);
   if(i == 0)
        return 1;
    else
        return 0;
}
//读缓冲区
unsigned char MFRC531_ReadFIFO(unsigned char * Send_Buf)
{
    unsigned char len, i;
   len = MFRC531_ReadReg(RegFIFOLength);
    for(i = 0;i < len; i++)
        Send_Buf[i] = MFRC531_ReadReg(RegFIFOData);
     return len;
}
   //写缓冲区
void MFRC531_WriteFIFO(unsigned char * Send_Buf,unsigned char Length)
{
    unsigned char i;
    for(i = 0; i < Length; i++)
        MFRC531_WriteReg(RegFIFOData, Send_Buf[i]);
}
```

```
/ *************************** MFRC531 底层驱动 *************************** /
extern signed char MFRC531_Init(void);              //RC531 初始化,上电后需要延时一段时间
extern unsigned char MFRC531_ReadReg(unsigned char addr);          //读 RC531 寄存器
extern void MFRC531_WriteReg(unsigned char addr, unsigned char data);   //写 RC531 寄存器
extern void MFRC531_SetBitMask(unsigned char addr,unsigned char mask);   //置 RC531 寄存器位
extern void MFRC531_ClearBitMask(unsigned char addr,unsigned char mask);//清 RC531 寄存器位
extern unsigned char MFRC531_ClearFIFO(void);  //清空缓冲区
extern unsigned char MFRC531_ReadFIFO(unsigned char * Send_Buf);     //读缓冲区
extern void MFRC531_WriteFIFO(unsigned char * Send_Buf,unsigned char Length);  //写缓冲区
extern signed char MFRC531_CfgISOType(unsigned char type);//设置 RC531 工作方式
extern signed char MFRC531_ReadE2(unsigned int startaddr,
                unsigned char length,
                unsigned char * readdata);              //读 RC531 EEPROM 数据
extern signed char MFRC531_WriteE2(unsigned int startaddr,
                unsigned char length,
                unsigned char * writedata);              //写数据到 RC531 EEPROM
extern signed char MFRC531_OpenAnt(void);              //开启天线发射
extern signed char MFRC531_CloseAnt(void);              //关闭天线发射
extern void MFRC531_SetTimer(unsigned char TimerLength);  //设置 RC531 定时器
///////////////////////ISO 14443 通信函数//////////////////////////////////////
extern signed char MFRC531_ISO 14443_Transceive(struct TransceiveBuffer * pi);
//指定 PCD 接收缓冲值
#ifndef FSDI
    #define FSDI 4
#endif
//硬件版本号
const unsigned char hardmodel[12] = {"SL601F - 0512"};
unsigned char g_bReceOk;                          //正确接收到上位机指令标志
unsigned char g_bReceAA;                          //接收到上位机发送的 AA 字节标志
unsigned char g_bRc531Ok;                         //RC531 复位正常标志
unsigned int g_cReceNum;                          //接收到上位机的字节数
unsigned int g_cCommand;                          //接收到的命令码
unsigned char g_cSNR[4];                          //M1 卡序列号
unsigned char g_cIcdevH;                          //设备标记
unsigned char g_cIcdevL;                          //设备标记
unsigned char g_cFWI;                             //
unsigned char g_cCidNad;                          //
unsigned char g_cReceBuf[64];                     //和上位机通信时的缓冲区
///////////////////////////////////////////////////////////////////
//响应上位机发送的设置波特率命令
///////////////////////////////////////////////////////////////////
void ComSetBaudrate(void)
///////////////////////////////////////////////////////////////////
//响应上位机发送的读取硬件版本号命令
///////////////////////////////////////////////////////////////////
```

```
void ComGetHardModel(void)
/////////////////////////////////////////////////////////////////
//响应上位机发送的设置 RC531 协议命令,ISO 14443A/B
/////////////////////////////////////////////////////////////////
void ComPcdConfigISOType(void)
/////////////////////////////////////////////////////////////////
//响应上位机发送的天线命令
/////////////////////////////////////////////////////////////////
void ComPcdAntenna(void)
/////////////////////////////////////////////////////////////////
//响应上位机发送的寻 A 卡命令
/////////////////////////////////////////////////////////////////
void ComRequestA(void)
/////////////////////////////////////////////////////////////////
//响应上位机发送的 A 卡防冲撞命令
/////////////////////////////////////////////////////////////////
void ComAnticoll(void)
/////////////////////////////////////////////////////////////////
//响应上位机发送的 A 卡锁定命令
/////////////////////////////////////////////////////////////////
void ComSelect(void)
/////////////////////////////////////////////////////////////////
//响应上位机发送的 A 卡休眠命令
/////////////////////////////////////////////////////////////////
void ComHlta(void)
/////////////////////////////////////////////////////////////////
//响应上位机发送的 A 卡验证密钥命令
/////////////////////////////////////////////////////////////////
void ComAuthentication(void)
/////////////////////////////////////////////////////////////////
//响应上位机初始化钱包命令
/////////////////////////////////////////////////////////////////
void ComM1Initval(void)
/////////////////////////////////////////////////////////////////
//正确执行完上位机指令,应答(有返回数据)
//input: answerdata = 应答数据
//       answernum = 数据长度
/////////////////////////////////////////////////////////////////
void AnswerOk(unsigned char * answerdata, unsigned int answernum)
/////////////////////////////////////////////////////////////////
//未能正确执行上位机指令,应答
//input:faultcode = 错误代码
/////////////////////////////////////////////////////////////////
void AnswerErr(signed char faultcode)
```

2. 建立工程

首先进行硬件连接,方法同上一个项目。在 IAR SWSTM8 1.30 软件环境中,打开 RFID_电子钱包\Project\MFRC531_ATM8.eww。

3. 编译、运行

在 IAR 开发环境中编译、运行、调试程序。然后单击 Project 下面的 Rebuild All 或者选中工程文件右击选择 Rebuild All 把工程编译一下。

单击 Rebuil All 编译完后,无警告,无错误。编译完后要把程序烧到模块里,单击 中间的 Download and Debug 按钮,烧录成功会听到蜂鸣器响一声。

4. 通信测试

用串口工具(用户也可自行选择其他串口软件)测试一下,打开串口工具,配置一下端口,波特率 115 200,8 个数据位,一个停止位,无校验位。串口开始工作。先发送一组充值命令: CC EE FE NO 01 XX XX XX XX FF(HEX 格式数据),串口会返回一组字符。如图 2.16 所示,充值功能完毕。

图 2.16 充值功能

NO 为阅读器的编号,程序里设置为 01,应发送: CC EE FE 01 01 XX XX XX XX FF。

XX 为要充的金钱数,例如,CC EE FE 01 01 00 00 00 01 FF 表示为充值1。尝试设计扣款功能,发一组扣款命令: CC EE FE NO 02 XX XX XX XX FF,串口会返回一组字符。结果如图 2.17 所示。

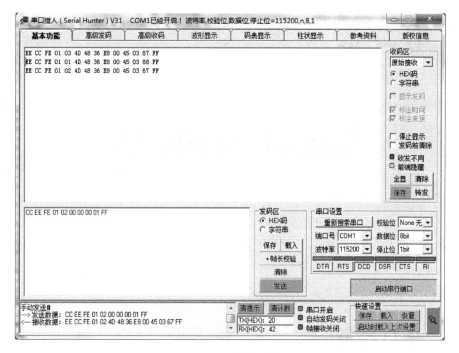

图 2.17　扣款功能

第 **3** 章

蓝牙(Bluetooth)通信

3.1 项目任务

在本项目中要完成以下任务。

(1) Bluetooth 通信硬件模块及接口分析；

(2) Bluetooth 通信软件程序及接口分析；

(3) Bluetooth 主从通信模式设计；

(4) 通信速率及通道设计。

具体任务指标如下：

完成基于 Bluetooth 无线通信模式下的传感器采集数据通信应用系统。

3.2 项目的提出

"基于 Bluetooth 无线通信模式下的传感器采集数据通信应用系统"是以 Bluetooth 通信为基础，采用 32 位高性能低功耗的 STM32F103C8 处理器为核心处理器，其上位机 Windows 开发环境使用的是嵌入式集成开发环境 IAR Embedded Workbench for ARM 5.41，采用蓝牙模块 BF10-I Bluetooth Module 与 STM32 硬件连接，实现数据的串口通信。

3.3 实施项目的预备知识

预备知识的重点内容:

(1) 理解 Bluetooth 技术的概念、技术特点;

(2) 了解 Bluetooth 的设备类型、硬件的连接使用;

(3) 重点掌握使用 IAR 开发环境设计程序,实现蓝牙主从设备连接,获取传感器数据。

关键术语:

Bluetooth 技术[①]:作为一种短距离无线技术标准,具有开放的技术规范,可实现固定设备、移动设备和楼宇个人域网之间的短距离的无线语音和数据通信(使用 2.4～2.485GHz 的 ISM 波段的 UHF 无线电波)。蓝牙技术最初由电信巨头爱立信公司于 1994 年创制,当时是作为 RS-232 数据线的替代方案。蓝牙可连接多个设备,克服了数据同步的难题。

微微网(Piconet)是由采用蓝牙技术的设备以特定方式组成的网络。微微网的建立是由两台设备(如便携式电脑和蜂窝电话)的连接开始的,最多由 8 台设备构成。所有的蓝牙设备都是对等的,以同样的方式工作。然而,当一个微微网建立时,只有一台为主设备,其他均为从设备,而且在一个微微网存在期间将一直维持这一状况。

分布式网络(Scatternet)是由多个独立、非同步的微微网形成的。

主设备(Master Unit)是指在微微网中,如果某台设备的时钟和跳频序列用于同步其他设备,则称它为主设备。从设备(Slave Unit)是指非主设备的设备均为从设备。

MAC 地址(MAC Address)是用 3 比特表示的地址,用于区分微微网中的设备。休眠设备(Parked Units)在微微网中只参与同步,但没有 MAC 地址的设备。监听及保持方式(Sniff and Hold Mode)指微微网中从设备的两种低功耗工作方式。

预备知识的内容结构:

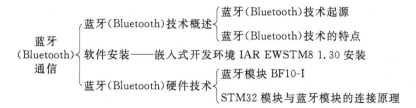

预备知识：

3.3.1　蓝牙(Bluetooth)技术概述

1. 蓝牙(Bluetooth)技术起源

Bluetooth 取自 10 世纪丹麦国王 Harald Bluetooth 的名字。它孕育着颇为神奇的前景：对手机而言，与耳机之间不再需要连线；在个人计算机，主机与键盘、显示器和打印机之间可以摆脱纷乱的连线；在更大范围内，电冰箱、微波炉和其他家用电器可以与计算机网络连接，实现智能化操作。

1994 年，爱立信移动通信公司开始研究在移动电话及其附件之间实现低功耗、低成本无线接口的可行性。随着项目的进展，爱立信公司意识到短距无线通信(Short Distance Wireless Communication)的应用前景无限广阔。爱立信将这项新的无线通信技术命名为蓝牙(Bluetooth)。

1998 年 5 月，爱立信联合诺基亚(Nokia)、英特尔(Intel)、IBM、东芝(Toshiba)这 4 家公司一起成立了蓝牙特殊利益集团(Special Interest Group，SIG)，负责蓝牙技术标准的制定、产品测试，并协调各国蓝牙的具体使用。

2. 蓝牙(Bluetooth)技术的特点

蓝牙作为一种短距无线通信的技术规范，最初的目标是取代现有的掌上电脑、移动电话等各种数字设备上的有线电缆连接。

在制定蓝牙规范之初，就建立了统一全球的目标，向全球公开发布，工作频段为全球统一开放的 2.4GHz 工业、科学和医学(Industrial，Scientific and Medical，ISM)频段。

从目前的应用来看，由于蓝牙体积小、功率低，其应用已不局限于计算机外设，几乎可以被集成到任何数字设备之中，特别是那些对数据传输速率要求不高的移动设备和便携设备。

蓝牙技术的特点可归纳为如下几点。

(1) 全球范围适用，蓝牙工作在 2.4GHz 的 ISM 频段，全球大多数国家 ISM 频段的范围是 2.4～2.4835GHz，使用该频段无须向各国的无线电资源管理部门申请许可证。

(2) 同时可传输语音和数据：蓝牙采用电路交换和分组交换技术，支持异步数据信道、三路语音信道以及异步数据与同步语音同时传输的信道。每个语音信道数据速率为 64kb/s，语音信号编码采用脉冲编码调制(PCM)或连续可变斜率增量调制(CVSD)方法。当采用非对称信道传输数据时，速率最高为 721kb/s，反向为 57.6kb/s；当采用对称信道传输数据时，速率最高为 342.6kb/s。蓝牙有两种链路类型：异步无连接(ACL)链路和同步面向连接(SCO)链路。

(3) 可以建立临时性的对等连接：根据蓝牙设备在网络中的角色，可分为主设备(Master)与从设备(Slave)。主设备是组网连接主动发起连接请求的蓝牙设备，几个蓝牙设备连接成一个皮网(Piconet)时，其中只有一个主设备，其余的均为从设备。皮网是蓝牙最基本的一种网络形式,最简单的皮网是一个主设备和一个从设备组成的点对点的通信连接。

(4) 具有很好的抗干扰能力。工作在 ISM 频段的无线电设备有很多种,如家用微波炉、无线局域网(WLAN)Home RF 等产品,为了很好地抵抗来自这些设备的干扰,蓝牙采用了跳频(Frequency Hopping)方式来扩展频谱(Spread Spectrum),将 $2.402\sim2.48\mathrm{GHz}$ 频段分成 79 个频点,相邻频点间隔 1MHz。蓝牙设备在某个频点发送数据之后,再跳到另一个频点发送,而频点的排列顺序则是伪随机的,每秒钟频率改变 1600 次,每个频率持续 $625\mu s$。

(5) 蓝牙模块体积很小、便于集成。由于个人移动设备的体积较小,嵌入其内部的蓝牙模块体积就应该更小,如爱立信公司的蓝牙模块 ROK101008 的外形尺寸仅为 $32.8\mathrm{mm}\times16.8\mathrm{mm}\times2.95\mathrm{mm}$。

(6) 低功耗。蓝牙设备在通信连接(Connection)状态下,有 4 种工作模式:激活 Active 模式;呼吸 Sniff 模式;保持 Hold 模式;休眠 Park 模式。Active 模式是正常的工作状态,另外三种模式是为了节能所规定的低功耗模式。

(7) 开放的接口标准。SIG 为了推广蓝牙技术的使用,将蓝牙的技术标准全部公开,全世界范围内的任何单位和个人都可以进行蓝牙产品的开发,只要最终通过 SIG 的蓝牙产品兼容性测试,就可以推向市场。

(8) 成本低。随着市场需求的扩大,各个供应商纷纷推出自己的蓝牙芯片和模块,蓝牙产品价格飞速下降。

3.3.2　软件安装

1. 嵌入式集成开发环境 IAR EWARM 安装

嵌入式开发环境 IAR Embedded Workbench for ARM 5.41 安装:IAR Embedded Workbench for ARM 5.41 是上位机 Windows 的嵌入式集成开发环境,该开发环境针对目标处理器集成了良好的函数库和工具支持,其安装过程如下。

(1) 打开 IAR 安装包进入安装界面,如图 3.1 所示。

名称	修改日期	类型	大小
autorun	2012/6/18 10:54	文件夹	
doc	2012/6/18 10:54	文件夹	
dongle	2012/6/18 10:55	文件夹	
drivers	2012/6/18 10:55	文件夹	
ewarm	2012/6/18 10:55	文件夹	
license-init	2012/6/18 10:55	文件夹	
windows	2012/6/18 10:55	文件夹	
autorun	2011/10/14 12:01	应用程序	348 KB
autorun	2011/10/14 12:01	安装信息	1 KB
IAR kegen	2011/10/14 12:01	应用程序	800 KB

图 3.1　打开安装包

（2）选择 Install IAR Embedded Workbench 安装选项，如图 3.2 和图 3.3 所示。

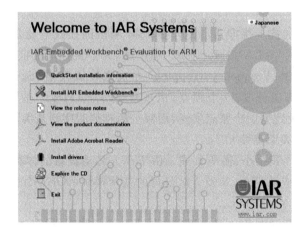

图 3.2 安装 IAR(1)

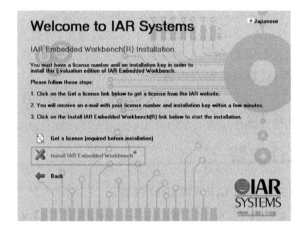

图 3.3 安装 IAR(2)

（3）进入 IAR 安装过程，单击 Next 按钮，如图 3.4 所示。

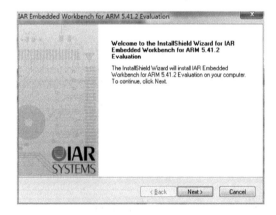

图 3.4 安装 IAR(3)

（4）进入 License 输入界面，如图 3.5 所示。

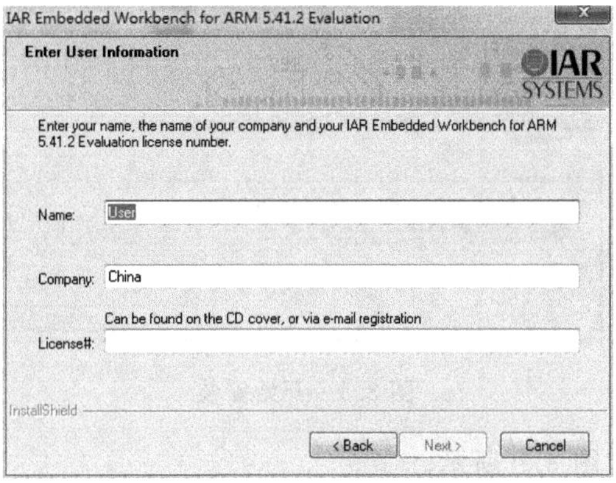

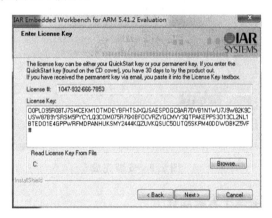

图 3.5　输入用户信息和 License

（5）输入 Key，如图 3.6 所示。

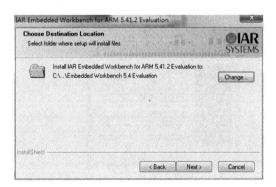

图 3.6　输入 Key

（6）选择 IAR 软件安装路径，这里选择默认的 C 盘 Program Files，建议默认安装，如图 3.7 所示。

图 3.7　安装到 C 盘默认路径

（7）进入安装过程界面，如图 3.8 所示。

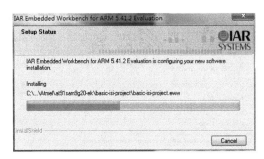

图 3.8　开始安装

（8）安装完成，如图 3.9 所示。

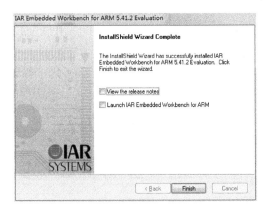

图 3.9　安装完成

2. Jlink 4.20 驱动程序安装过程

（1）运行安装程序 Setup_JLinkARM_V420p 安装包，并单击 Yes 按钮，如图 3.10 所示。

图 3.10　安装仿真器驱动

（2）单击 Next 按钮，继续安装过程，如图 3.11 所示。

图 3.11　安装下一步

（3）选择驱动安装路径，单击 Next 按钮，如图 3.12 所示。

图 3.12　默认安装路径

（4）选择在桌面创建快捷方式，单击 Next 按钮，如图 3.13 所示。

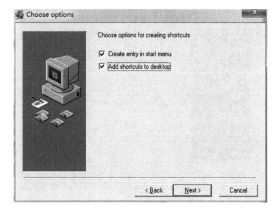

图 3.13　创建图标

（5）进入安装状态，如图 3.14 所示。

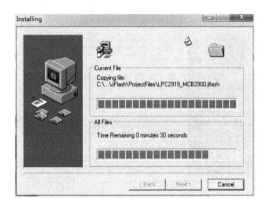

图 3.14　开始安装

（6）进入 SEGGER J-Link DLL Updater V4.20p 界面，勾选相应的 IAR 版本，单击 Next 按钮，如图 3.15 所示。

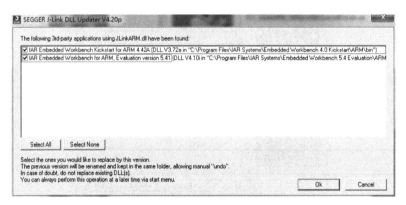

图 3.15　选择第三方环境支持

（7）完成 Jlink 驱动程序安装，如图 3.16 所示。

图 3.16　完成安装

3. Emberznet-4.3.0 协议栈安装过程

(1) 运行 EmberZnet 协议栈安装程序,如图 3.17 所示。

图 3.17　协议栈安装包

(2) 进入安装界面,单击 Next 按钮,如图 3.18 所示。接受协议,如图 3.19 所示。

图 3.18　安装

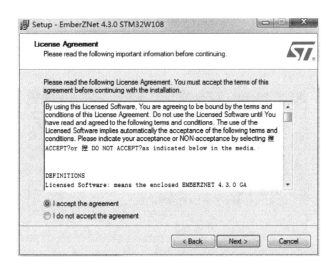

图 3.19　接受协议

(3) 选择安装路径,这里选择默认 C 盘 Program Files 文件夹下,并单击 Next 按钮,如图 3.20～图 3.22 所示。

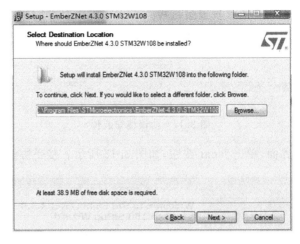

图 3.20　默认 C 盘安装路径

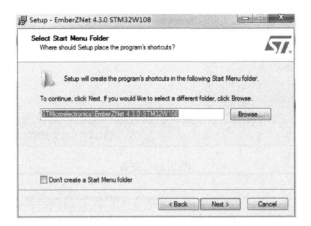

图 3.21　安装父目录

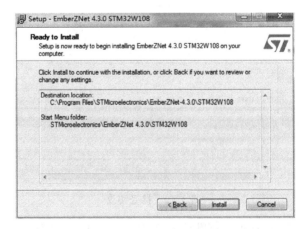

图 3.22　开始安装

（4）完成安装，如图 3.23 所示。

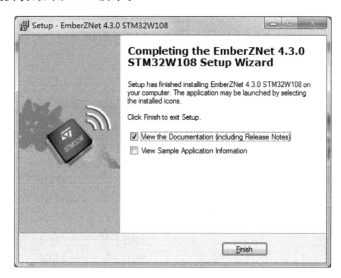

图 3.23　完成安装

3.3.3　蓝牙(Bluetooth)硬件技术

蓝牙(Bluetooth)模块由 STM32 处理器和 BF10-I(蓝牙通信模块)两个模块搭建而成，RFID 射频卡采用 MF1S50。具体工作原理如下。

1. 蓝牙模块 BF10-I

BF10-I(蓝牙通信模块)是一款智能型的无线数据传输产品，支持 64 通道蓝牙替代串口线；具有 1200～1 382 400b/s 等多种接口波特率；支持主从模式，灵活用在不同领域；SPP 蓝牙串行服务，非常方便和手机、PC 等连接；通过蓝牙模块的串口管脚 UART_TX 和 UART_RX，发送 AT 指令即可完成对蓝牙模块的配置和控制。电路接口如图 3.24 所示。

该模块主要用于短距离的数据无线传输领域。可以方便地和 PC(PDA 手机)的蓝牙设备相连，也可以两个模块之间的数据互通，避免烦琐的线缆连接，能直接替代现有的串口线。

替代串口线透明数据需要两个 BF10-I 模块，一个模块工作在主模式下，一个模块工作在从模式下。当两模块设置为相同的波特率，相同的通道(不能为通道 64)，上电之后，主从模块则自动连接形成串口透明。此时的数据传输则是全双工的。串口线透明数据模式应用原理如图 3.25 所示。①设置主模块的 PIO0 为高或悬空，从模块的 PIO0 为低。②设置两个模块的 PIO2～PIO5 高低到对应的波特率，具体参考设置串口通信波特率。③设置两个模块的 PIO6～PIO11 相同的通道，不能为通道 6、4(即全高电平)。具体参考设置模块通道。④模块上电，主模块则自动去查找该通道的从模块，此时主模块和从模块的 PIO1 脚都是输出为高低脉冲。若连接成功之后，主从模

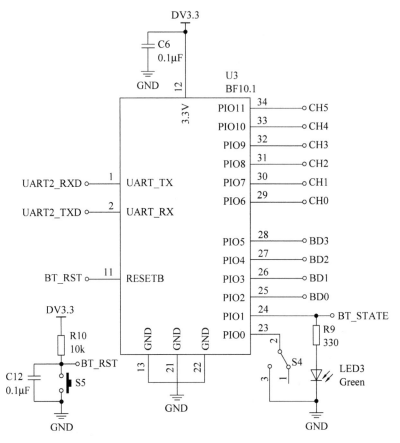

图 3.24　BF10-I(蓝牙通信模块)电路接口

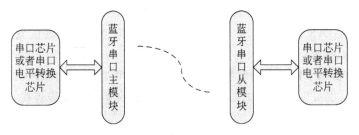

图 3.25　串口线透明数据模式

块的 PIO1 管脚输出为高电平。可以连接一个 LED 进行显示状态。⑤连接成功之后,两个模块两端就能进行串口数据全双工通信了。

　　从客户端模式是用在被计算机的蓝牙适配器、PDA、手机等通用蓝牙设备连接进行数据传输的情况。操作方式如下:①将 PIO0 接地,设置为从模式;②将 PIO6~PIO11 悬空或者置高,设置为 64 通道;③设置 PIO2~PIO5 为对应需要的波特率;④给模块上电,等待 PC 蓝牙适配器、PDA 等主机设备连接该模块;⑤连接成功后,

PIO1 脚都是输出为高低脉冲。若连接成功之后,PIO1 管脚输出为高电平,可以连接一个 LED 进行显示状态。

2. STM32 模块与蓝牙模块的连接原理

STM32 的 UART2 与蓝牙模块的串口管脚相连接,STM32 硬件接口方式如图 3.26 所示。其中,PA9、PA10、PA2、PA3 蓝牙模块的串口管脚 UART_TX 和 UART_RX,发送 AT 指令即可完成对蓝牙模块的配置和控制。

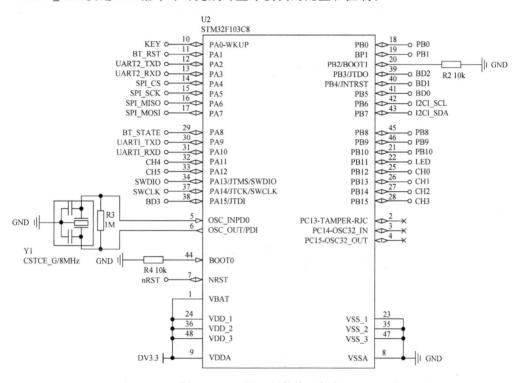

图 3.26 STM32 硬件接口方式

查询/设置串口工作波特率 AT 指令,如表 3.1 所示。

表 3.1 查询/设置波特率 AT 指令

指 令	应 答	参 数
查询:AT+BAUD	OK+Get:[para1]	Para1:0～8
设置:AT+BAUD[para1]	OK+Set:[para1]	0=9600;1=19200; 2=38400;3=57600; 4=115200;5=4800; 6=2400;7=1200; 8=230400; Defaut: 0(9600)

查询/设置模块主从模式指令,如表 3.2 所示。

表 3.2　查询/设置主从模式 AT 指令

指　　令	应　　答	参　　数
查询: AT+ROLE?	OK+Get:[para1]	Para1:0～1
设置: AT+ROLE[para1]	OK+Set:[para1]	1:主设备 0:从设备 Default:0

查询/设置主模式下搜索时是否仅搜索 HM 模块,如表 3.3 所示。

表 3.3　查询/设置主模式下搜索时是否仅搜索 HM 模块

指　　令	应　　答	参　　数
查询: AT+FILT?	OK+Get:[Para]	无
设置: AT+FILT[Para]	OK+Set:[Para]	Para: 0～1 0:搜索所有 BLE 从设备 1:仅搜索 HM 模块

3.4　项目实施

3.4.1　任务 1: Bluetooth 组网配置

利用 STM32 处理器和 BF10-I 模块两片芯片构成蓝牙组网设备,完成主从蓝牙模块的透明传输。

替代串口线透明数据需要两个蓝牙模块,一个模块工作在主模式下,一个模块工作在从模式下。当两模块设置为相同的波特率,上电之后,主从模块则自动连接形成串口透明。此时的数据传输则是全双工的。①发送 AT 指令,设置主、从模块相同的波特率。②发送 AT 指令,设置主模块为主模式,从模块为从模式。③发送 AT 指令,设置主模块为搜索所有从设备。④模块上电,主模块则自动去查找该通道的从模块,此时主模块和从模块的 PIO1 脚都是输出为高低脉冲。若连接成功之后,主从模块的 PIO1 管脚输出为高电平,连接一个 BT LED 进行显示状态。⑤连接成功之后,两个模块两端就能进行串口数据全双工通信了。

1. 源码实现

蓝牙主机主函数:

```
int main(void)
{
    GPIO_InitTypeDef GPIO_InitStructure;
    u8 i = 0;
    NVIC_Configuration();
```

```
        CLI();
        RCC_APB2PeriphClockCmd(RCC_APB2Periph_GPIOA | RCC_APB2Periph_GPIOB |
                        RCC_APB2Periph_GPIOC, ENABLE);
        GPIO_InitStructure.GPIO_Pin = GPIO_Pin_All;
        GPIO_InitStructure.GPIO_Mode = GPIO_Mode_AIN;
        GPIO_Init(GPIOA, &GPIO_InitStructure);
        GPIO_Init(GPIOB, &GPIO_InitStructure);
        GPIO_Init(GPIOC, &GPIO_InitStructure);

        RCC_APB2PeriphClockCmd(RCC_APB2Periph_GPIOA | RCC_APB2Periph_GPIOB |
                        RCC_APB2Periph_GPIOC, DISABLE);

        //JTAG_Remap
        RCC_APB2PeriphClockCmd(RCC_APB2Periph_GPIOA | RCC_APB2Periph_GPIOB | RCC_
APB2Periph_AFIO, ENABLE);
        //JTAG-DP Disabled and SW-DP Enabled
        GPIO_PinRemapConfig(GPIO_Remap_SWJ_JTAGDisable, ENABLE);
        Systick_Init(72);

        LED_Init();
        LED_USER_On();

        UART1_Configuration();
        UART2_Configuration();

        //1ms 中断
        TIM3_Configuration();
        BT_Init();
        BT_Reset();
        delay_ms(5000);
        for(i = 0; i < 26;i++)
            tx_buf[i] = 0;
        for(i = 0; i < 14;i++)
            rx_buf[i] = 0;
        tx_buf_init();
        BT_State = 0;
        BT_Cnt = 0;
        Uart_RecvFlag = 0;
        rx_counter = 0;
        Uart_RecvFlag1 = 0;
        rx_counter1 = 0;
        /* Open Global Interrupt */
        SEI();
        AT_Cmd();
        while(1)
        {
        }

}
```

发送 AT 指令函数：

```
void AT(char * str,int len)
{
  at_len = len;
  AT_FLAG = 0;
  UART2_PutString(str);
  while(!AT_FLAG);
}
```

蓝牙主模块配置函数：

```
void AT_Cmd(void)
{
  Uart_RecvFlag = 1;
  disc = 0;
          / ******** AT CONFIG ********* /
   AT("AT + BAUD0",8);              //设置波特率为 9600
   AT("AT + IMME0", 8);             //上电即复位
   AT("AT + ROLE1", 8);             //查询 设置主模式
   AT("AT + FILT0",8);              //搜索所有从设备
  UART2_SendString("AT + RESET", 8);   //重启
  delay_ms(5000);
}
```

蓝牙从机主函数：

```
int main(void)
{

    GPIO_InitTypeDef GPIO_InitStructure;
    u8 i = 0;
    NVIC_Configuration();
    CLI();
    RCC_APB2PeriphClockCmd(RCC_APB2Periph_GPIOA | RCC_APB2Periph_GPIOB |
                      RCC_APB2Periph_GPIOC, ENABLE);

    GPIO_InitStructure.GPIO_Pin = GPIO_Pin_All;
    GPIO_InitStructure.GPIO_Mode = GPIO_Mode_AIN;
    GPIO_Init(GPIOA, &GPIO_InitStructure);
    GPIO_Init(GPIOB, &GPIO_InitStructure);
    GPIO_Init(GPIOC, &GPIO_InitStructure);

    RCC_APB2PeriphClockCmd(RCC_APB2Periph_GPIOA | RCC_APB2Periph_GPIOB |
                      RCC_APB2Periph_GPIOC, DISABLE);

    //JTAG_Remap
```

```
        RCC_APB2PeriphClockCmd(RCC_APB2Periph_GPIOA | RCC_APB2Periph_GPIOB | RCC_
APB2Periph_AFIO, ENABLE);
        //JTAG-DP Disabled and SW-DP Enabled
        GPIO_PinRemapConfig(GPIO_Remap_SWJ_JTAGDisable, ENABLE);

        Systick_Init(72);
        LED_Init();
        LED_USER_On();
        UART1_Configuration();
        UART2_Configuration();

        //1ms 中断
        TIM3_Configuration();

        BT_Init();
        BT_Reset();
        delay_ms(5000);

        BT_State = 0;
        BT_Cnt = 0;
        Uart_RecvFlag = 0;
        rx_counter = 0;

        Uart_RecvFlag1 = 1;
        rx_counter1 = 0;

        /* Open Global Interrupt */
        SEI();
        /*********** AT CONFIG **************/
        AT_Cmd();
        Uart_RecvFlag1 = 0;
        /*************************************/
         while(1)
         {
         }
}
```

蓝牙从模块配置函数：

```
void AT_Cmd(void)
{
  AT("AT+BAUD0",8);              //设置波特率为 9600
  AT("AT+IMME0", 8);            //上电即复位

  AT("AT+ROLE0", 8);           //查询 设置从模式
  BT_Reset();                   //重启
  delay_ms(5000);
}
```

2. 硬件连接

用 J-Link 连接 PC 与实验箱,用实验箱配套的电源给实验箱供电,并给模块上电。

3. 建立工程,编译运行

在 IAR Embedded Workbench for ARM 5.41 软件环境中,打开工程,将工程进行编译。具体方法可以选择 Project 中的 Rebuild All 或者选中工程栏中的工程文件然后右击选择 Rebuild All 进行编译,如图 3.27 所示。

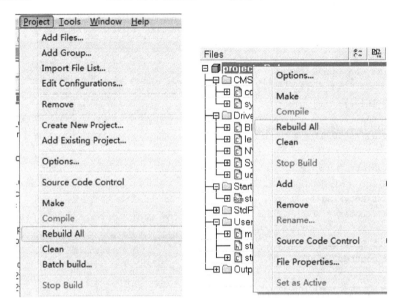

图 3.27　IAR Embedded Workbench for ARM 5.41 软件环境

用板载的"+"、"-"按键分别选中主、从机模块,将 Master 和 Slaver 程序分别烧录到蓝牙主、从机模块里,并重启模块或者使用 RST 键复位模块。

4. 通信测试

观察设备上的 BT LED 灯的情况,判断两个蓝牙模块是否连接,若 BT LED 指示灯长亮,则表示连接成功,反之连接不成功。因为蓝牙主模块设置的是搜索所有从模块,如果同时打开多个蓝牙从模块,主模块会随机与其中一个进行连接,建议使用的时候只打开一个蓝牙从模块。

3.4.2　任务2:基于 Bluetooth 无线通信传感器采集数据通信设计

BF10-I 蓝牙模块通过 AT 指令设置相同的波特率,设置成透传模式,分别设置主从模块,主从模块连接成功后,即可进行两个模块的通信。通过蓝牙模块,获取传感器的数据。完成基于 Bluetooth 无线通信模式下的传感器采集数据通信应用系统的设计。

蓝牙主模块与蓝牙从模块相连接时,传感器模块将采集到的数据经过处理后通过串口发送给 STM32,STM32 从串口 1 接到传感器的数据经过处理串口 2 发送给蓝牙从模块,蓝牙模块通过无线的方式将数据发送给蓝牙主模块,蓝牙主模块间接到的数据通过串口将数据发送给 STM32,STM32 将数据通过串口 2 接收蓝牙主模块数据,经过处理后由串口 1 发出,如图 3.28 所示。

蓝牙模块已经内置应用程序,用户只需要通过蓝牙模块的串口管脚 UART_TX 和 UART_RX,发送 AT 指令即可完成对蓝牙模块的配置和控制。

上一个项目介绍了蓝牙模块和 STM32 连接的电路图,及 STM32 的 UART2 与蓝牙模块的串口管脚连接方法。

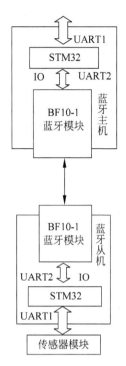

图 3.28 蓝牙传感器工作原理图

1. 软件工作原理

查询/设置串口工作波特率 AT 指令如表 3.4 所示。

表 3.4 查询/设置波特率 AT 指令

指 令	应 答	参 数
查询:AT+BAUD	OK+Get:[para1]	Para1:0~8
设置:AT+BAUD[para1]	OK+Set:[para1]	0=9600;1=19200; 2=38400;3=57600; 4=115200;5=4800; 6=2400;7=1200; 8=230400; Defaut:0(9600)

查询/设置主模式下搜索时是否仅搜索 HM 模块,如表 3.5 所示。

表 3.5 查询/设置主模式下仅搜索 HM 模块指令

指 令	应 答	参 数
查询:AT+FILT?	OK+Get:[Para]	无
设置:AT+FILT[Para]	OK+Set:[Para]	Para:0~1 0:搜索所有 BLE 从设备 1:仅搜索 HM 模块

查询/设置模块主从模式指令,如表 3.6 所示。

表 3.6 查询/设置主从模式 AT 指令

指　　令	应　　答	参　　数
查询:AT+ROLE?	OK+Get:[para1]	Para1:0~1
设置:AT+ROLE[para1]	OK+Set:[para1]	1:主设备 0:从设备 Default:0

设置模块工作模式,如表 3.7 所示。

表 3.7 设置模块工作模式

指　　令	应　　答	参　　数
查询:AT+MODE?	OK+Get:[para1]	无
设置:AT+MODE[para1]	OK+Set:[para1]	Para:0~2 0:透传模式 1:PIO 采集+远控+透传 2:透传+远程控制 Default:0

透传模式:即普通的串口透明传输,蓝牙通到数据后转发至串口,同时也转发串口收到的数据到远端蓝牙。替代串口线透明数据需要两个蓝牙模块,一个模块工作在主模式下,一个模块工作在从模式下。当两模块设置为相同的波特率,工作模式设置为透传模式,同时主模块设置搜索所有 BLE 从设备,上电之后,主从模块则自动连接形成串口透明。此时的数据传输则是全双工的。给两个模块分别发送 AT+BAUD0,波特率设置为 9600;给两个模块分别发送 AT+MODE0,工作模式设置为透传模式;给主模块发送 AT+FILT0,设置为搜索所有 BLE 从设备。

模块上电,主模块则自动去查找所有的从模块,此时主模块和从模块的 PIO1 脚都是输出为高低脉冲。若连接成功之后,主从模块的 PIO1 管脚输出为高电平,BT LED 指示灯长亮。

连接成功之后,两个模块两端就能进行串口数据全双工通信了。

2. CYB 蓝牙串口通信协议

接口:UART 波特率 9600,如下,一帧数据为定长 46 字节。

```
u8 DataHeadH;             //包头 0xEE
u8 DataDeadL;             //包头 0xCC
u8 NetID;                 //所属网络标识 01(ZigBee)02(IPv6)03(WiFi)04(Bluetooth)05(RFID)
u8 NetInfoChnanelList[8]; //蓝牙名称
4u8 NetInfoPanID[2];      //蓝牙服务 UUID(0xFFE0/0xFFE1)
5u8 NodeIEEEAddress[8];   //节点 MAC 地址(48b 占数组低 6 字节)
u8 NodeNwkAddress[4];     //保留
```

```
u8 NodeFamilyAddress[4];        //保留
u8 NodeType;                    //节点类型(0:主节点,1:从节点)
u8 NodeState;                   //节点状态(0:掉线,1:在线)
u8 NodeDepth;                   //CMD (0、自动上报 1、搜索 2、连接 3、断开 4、控制)
u8 NodeLinkRSSI;                //保留
u8 NodePosition;                //节点位置(同 ZigBee 部分)
u8 SensorType;                  //传感器类型
u8 SensorIndex;                 //传感器 ID
u8 SensorCMD;                   //传感器命令序号
u8 Sensordata1;                 //传感器数据 1
u8 Sensordata2;                 //穿管器数据 2
u8 Sensordata3;                 //传感器数据 3
u8 Sensordata4;                 //传感器数据 4
u8 Sensordata5;                 //传感器数据 5
u8 Sensordata6;                 //传感器数据 6
u8 DataResv1;                   //保留字节 1
u8 DataResv2;                   //保留字节 2
U8 DataEnd;                     //节点包尾 0xFF
```

CBT 传感器说明如表 3.8 所示。

表 3.8　CBT 传感器说明

传感器名称	传感器类型编号	传感器输出数据说明
磁检测传感器	0x01	1-有磁场；0-无磁场
光照传感器	0x02	1-有光照；0-无光照
红外对射传感器	0x03	1-有障碍；0-无障碍
红外反射传感器	0x04	1-有障碍；0-无障碍
结露传感器	0x05	1-有结露；0-无结露
酒精传感器	0x06	1-有酒精；0-无酒精
人体检测传感器	0x07	1-有人；0-无人
三轴加速度传感器	0x08	XH, XL, YH, YL, ZH, ZL
声响检测传感器	0x09	1-有声音；0-无声音
温湿度传感器	0x0A	HH, HL, TH, TL
烟雾传感器	0x0B	1-有烟雾；0-无烟雾
振动检测传感器	0x0C	1-有振动；0-无振动
传感器扩展板	0xFF	用户自定义

CBT 传感器底层协议如表 3.9 所示。

表 3.9　CBT 传感器底层协议

传感器模块	发　　送	返　　回	意义
磁检测传感器	CC EE 01 NO 01 00 00 FF 查询是否有磁场	EE CC 01 NO 01 00 00 00 00 00 00 00 00 FF	无人
		EE CC 01 NO 01 00 00 00 00 00 01 00 00 FF	有人

续表

传感器模块	发送	返回	意义
光照传感器	CC EE 02 NO 01 00 00 FF 查询是否有光照	EE CC 02 NO 01 00 00 00 00 00 00 00 00 FF	无光照
		EE CC 02 NO 01 00 00 00 00 00 01 00 00 FF	有光照
红外对射传感器	CC EE 03 NO 01 00 00 FF 查询红外对射传感器是否有障碍	EE CC 03 NO 01 00 00 00 00 00 00 00 00 FF	无障碍
		EE CC 03 NO 01 00 00 00 00 00 01 00 00 FF	有障碍
红外反射传感器	CC EE 04 NO 01 00 00 FF 查询红外反射传感器是否有障碍	EE CC 04 NO 01 00 00 00 00 00 00 00 00 FF	无障碍
		EE CC 04 NO 01 00 00 00 00 00 01 00 00 FF	有障碍
结露传感器	CC EE 05 NO 01 00 00 FF 查询是否有结露	EE CC 05 NO 01 00 00 00 00 00 00 00 00 FF	无结露
		EE CC 05 NO 01 00 00 00 00 00 01 00 00 FF	有结露
酒精传感器	CC EE 06 NO 01 00 00 FF 查询是否检测到酒精	EE CC 06 NO 01 00 00 00 00 00 00 00 00 FF	无酒精
		EE CC 06 NO 01 00 00 00 00 00 01 00 00 FF	有酒精
人体检测传感器	CC EE 07 NO 01 00 00 FF 查询是否检测到人	EE CC 07 NO 01 00 00 00 00 00 00 00 00 FF	无人
		EE CC 07 NO 01 00 00 00 00 00 01 00 00 FF	有人
三轴加速度传感器	CC EE 08 NO 01 00 00 FF 查询XYZ轴加速度	EE CC 08 NO 01 XH XL YH YL ZH ZL 00 00 FF	XYZ轴加速度
声响检测传感器	CC EE 09 NO 01 00 00 FF 查询是否有声响	EE CC 09 NO 01 00 00 00 00 00 00 00 00 FF	无声响
		EE CC 09 NO 01 00 00 00 00 00 01 00 00 FF	有声响
温湿度传感器	CC EE 0A NO 01 00 00 FF 查询湿度和温度	EE CC 0A NO 01 00 00 HH HL TH TL 00 00 FF	湿度和温度值
烟雾传感器	CC EE 0B NO 01 00 00 FF 查询是否检测到烟雾	EE CC 0B NO 01 00 00 00 00 00 00 00 00 FF	无烟雾
		EE CC 0B NO 01 00 00 00 00 00 01 00 00 FF	有烟雾
振动检测传感器	CC EE 0C NO 01 00 00 FF 查询是否检测到振动	EE CC 0C NO 01 00 00 00 00 00 00 00 00 FF	无振动
		EE CC 0C NO 01 00 00 00 00 00 01 00 00 FF	有振动

3. 源码实现

主机模块蓝牙初始化函数：

```
void AT_Cmd(void)
{
    Uart_RecvFlag = 1;
    disc = 0;
        / ******** AT CONFIG ********* /
    AT("AT + BAUD0",8);                    //设置波特率为9600
    AT("AT + IMME0", 8);                   //上电即复位
    AT("AT + MODE0",8);                    //设置通透传输
    AT("AT + ROLE1", 8);                   //查询 设置主模式
    AT("AT + FILT0",8);                    //搜索所有从设备
    UART2_SendString("AT + RESET", 8);     //重启
    delay_ms(5000);
}
```

蓝牙主机模块主函数：

```
int main(void)
{
    GPIO_InitTypeDef GPIO_InitStructure;
    u8 i = 0;
    NVIC_Configuration();
    CLI();
    RCC_APB2PeriphClockCmd(RCC_APB2Periph_GPIOA | RCC_APB2Periph_GPIOB |
                        RCC_APB2Periph_GPIOC, ENABLE);
    GPIO_InitStructure.GPIO_Pin = GPIO_Pin_All;
    GPIO_InitStructure.GPIO_Mode = GPIO_Mode_AIN;
    GPIO_Init(GPIOA, &GPIO_InitStructure);
    GPIO_Init(GPIOB, &GPIO_InitStructure);
    GPIO_Init(GPIOC, &GPIO_InitStructure);

    RCC_APB2PeriphClockCmd(RCC_APB2Periph_GPIOA | RCC_APB2Periph_GPIOB |
                        RCC_APB2Periph_GPIOC, DISABLE);

    //JTAG_Remap
    RCC _ APB2PeriphClockCmd ( RCC _ APB2Periph _ GPIOA | RCC _ APB2Periph _ GPIOB | RCC _
APB2Periph_AFIO, ENABLE);
    //JTAG - DP Disabled and SW - DP Enabled
    GPIO_PinRemapConfig(GPIO_Remap_SWJ_JTAGDisable, ENABLE);
    Systick_Init(72);
    LED_Init();
    LED_USER_On();

    UART1_Configuration();
```

```
UART2_Configuration();

//1ms 中断
TIM3_Configuration();
TIM2_Configuration();
BT_Init();
BT_Reset();
delay_ms(5000);

for(i = 0; i < 26;i++)
    tx_buf[i] = 0;
for(i = 0; i < 14;i++)
    rx_buf[i] = 0;
tx_buf_init();
BT_State = 0;
BT_Cnt = 0;
Uart_RecvFlag = 0;
rx_counter = 0;
Uart_RecvFlag1 = 0;
rx_counter1 = 0;
/* Open Global Interrupt */
SEI();
AT_Cmd();
while(1)
{
    BluetoothHandle();
}
}
```

主机 BluetoothHandle()关键函数：

```
int BluetoothHandle()
{
    int j = 0;;
        Uart_RecvFlag = 1;                    //不允许串口接收数据
        delay_ms(500);
        if(BT_State == 1)                     //已连接成功
        {
            AT_FLAG = 1;
            Uart_RecvFlag = 0;                //允许串口接收数据
          //while(Uart_RecvFlag == 0);        //等待接收数据
            while((BT_State == 1) && (Uart_RecvFlag == 0));    //等待接收数据
            //处理并发送数据
            tx_buf[29] = SLAVER;
            tx_buf[30] = 0x01;
            tx_buf[33] = rx_buf[2];           //position
            tx_buf[34] = rx_buf[3];
```

```
        tx_buf[35]  =  rx_buf[4];
        tx_buf[36]  =  rx_buf[5];
        tx_buf[37]  =  rx_buf[6];
        tx_buf[38]  =  rx_buf[7];
        tx_buf[39]  =  rx_buf[8];
        tx_buf[40]  =  rx_buf[9];
        tx_buf[41]  =  rx_buf[10];
        tx_buf[42]  =  rx_buf[11];
        tx_buf[3]  =  rx_buf[12];
        tx_buf[4]  =  rx_buf[15];
        tx_buf[5]  =  rx_buf[16];          //蓝牙名称;
        tx_buf[6]  =  rx_buf[17];
        tx_buf[7]  =  rx_buf[18];
        tx_buf[8]  =  rx_buf[19];
        tx_buf[9]  =  rx_buf[20];
        tx_buf[10]  =  rx_buf[21];
        tx_buf[11]  =  rx_buf[22];          //UUID
        tx_buf[12]  =  rx_buf[23];
        tx_buf[13]  =  0x00;
        tx_buf[14]  =  0x00;
        tx_buf[15] = rx_buf[24];           //mac addr
        tx_buf[16] = rx_buf[25];
        tx_buf[17] = rx_buf[6];
        tx_buf[18] = rx_buf[27];
        tx_buf[19] = rx_buf[28];
        tx_buf[20] = rx_buf[29];
        UART1_SendString(tx_buf, 46);
        LED_USER_Toggle();
    }
    else                                   //未连接成功
    {
        UART1_PutString("ERROR!\n");

    }
    return 0;
}
```

从机模块蓝牙初始化函数：

```
void AT_Cmd(void)
{
    AT("AT + BAUD0",8);                //设置波特率为9600
    AT("AT + IMME0", 8);               //上电即复位
    AT("AT + MODE0",8);                //设置通透传输
    AT("AT + ROLE0", 8);               //查询 设置从模式
    BT_Reset();                        //重启
    delay_ms(5000);
}
```

从机模块主函数:

```
int main(void)
{

    GPIO_InitTypeDef GPIO_InitStructure;
    u8 i = 0;
    NVIC_Configuration();
    CLI();
    RCC_APB2PeriphClockCmd(RCC_APB2Periph_GPIOA | RCC_APB2Periph_GPIOB |
                        RCC_APB2Periph_GPIOC, ENABLE);
    GPIO_InitStructure.GPIO_Pin = GPIO_Pin_All;
    GPIO_InitStructure.GPIO_Mode = GPIO_Mode_AIN;
    GPIO_Init(GPIOA, &GPIO_InitStructure);
    GPIO_Init(GPIOB, &GPIO_InitStructure);
    GPIO_Init(GPIOC, &GPIO_InitStructure);

    RCC_APB2PeriphClockCmd(RCC_APB2Periph_GPIOA | RCC_APB2Periph_GPIOB |
                        RCC_APB2Periph_GPIOC, DISABLE);
    //JTAG_Remap
    RCC_APB2PeriphClockCmd ( RCC_APB2Periph_GPIOA | RCC_APB2Periph_GPIOB | RCC_
APB2Periph_AFIO, ENABLE);
    //JTAG-DP Disabled and SW-DP Enabled
    GPIO_PinRemapConfig(GPIO_Remap_SWJ_JTAGDisable, ENABLE);
    Systick_Init(72);
    LED_Init();
    LED_USER_On();
    UART1_Configuration();
    UART2_Configuration();

    //1ms 中断
    TIM3_Configuration();
    BT_Init();
    BT_Reset();
    delay_ms(5000);
    BT_State = 0;
    BT_Cnt = 0;
    Uart_RecvFlag = 0;
    rx_counter = 0;

    Uart_RecvFlag1 = 1;
    rx_counter1 = 0;

    /* Open Global Interrupt */
    SEI();
    AT_Cmd();
    Uart_RecvFlag1 = 0;
```

```
/ ***************************************** /
while(1)
{

LED_USER_On();
delay_ms(5000);
    //判断是否与主机连接
    if(BT_State == 1)
    {
        delay_ms(100);
        LED_USER_Toggle();
        delay_ms(500);
    if(Uart_RecvFlag)                          //接收 完整一帧 传感器信息
    {
        for(i = 0; i < 14;i++)
            tx_buf[i] = rx_buf[i];
        tx_buf[1] = 0xcc;
        tx_buf[0] = 0xee;
        delay_ms(100);
        Uart_RecvFlag = 0;
        UART2_SendString(tx_buf, 14);

    }
    }
}
}
```

4. 硬件连接

用 J-Link 连接 PC 与实验箱,用实验箱配套的电源给实验箱供电,并给模块上电。

5. 建立工程,编译运行

在 IAR Embedded Workbench for ARM 5.41 软件环境中,打开工程,将工程进行编译。具体方法可以选择 Project 中的 Rebuild All 或者选中工程栏中的工程文件然后右击选择 Rebuild All 进行编译,如图 3.29 所示。

用板载的"+"、"-"按键分别选中主、从机模块,将 Master 和 Slaver 程序分别烧录到蓝牙主、从机模块里。烧写完毕需要复位 Debug,单击"选择"旁边的"复位"即可。

6. 通信测试

通过蓝牙主机的拨码开关选择到 Debug UART,并用 9 针的串口线把实验板上的 Debug UART 串口和 PC 端的串口进行连接,打开串口调试软件,并设置波特率为9600,校验位为 NONE,数据位为 8,停止位为 1,然后观察结果。图 3.30 中显示的串口中的数据,不代表所有传感结果,实际结果请以实际为准。

对照蓝牙串口通信协议和传感器底层协议,分析串口收到信息的含义,并与实际情况做比较。注意:因为蓝牙主模块设置的是搜索所有从模块,如果同时打开多个蓝牙从模块,主模块会随机与其中一个进行连接,建议使用的时候只打开一个蓝牙从模块。

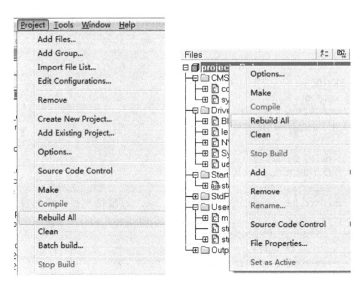

图 3.29　IAR Embedded Workbench for ARM 5.41 软件环境

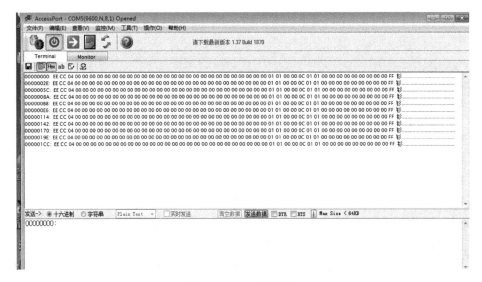

图 3.30　串口接收图

3.4.3　扩展任务：蓝牙设备与手机(PC)通信连接

BF10-I 蓝牙模块支持 1200～1 382 400b/s 等多种接口波特率，通过 AT 指令设置相同的波特率，设置成透传模式，分别设置主从模块，主从模块连接成功后，利用 SPP 蓝牙串行服务，实现模块与手机和 PC 的通信连接。

BT_RST 为蓝牙模块复位引脚，低电平复位，S5 为蓝牙模块复位按键。BT_STATE 为连接状态指示引脚，连接成功后输出高电平，LED 点亮；否则输出脉冲电平，LED

闪烁。UART_TX、UART_RX 为串口通信接口,与 STM32 的 UART2 连接,通过向蓝牙模块发送 AT 指令即可完成对蓝牙模块的配置和控制。

1. 软件工作原理

查询/设置模块主从模式指令,如表 3.10 所示。

表 3.10 查询/设置主从模式 AT 指令

指 令	应 答	参 数
查询:AT+ROLE?	OK+Get:[para1]	Para1:0~1
设置:AT+ROLE[para1]	OK+Set:[para1]	1:主设备 0:从设备 Default:0

注:用手机(PC)连接蓝牙模块的时候只需要把蓝牙模块设置成从机模式。

2. 源码实现

主机模块蓝牙初始化函数:

```c
int main(void)
{
    GPIO_InitTypeDef GPIO_InitStructure;
    u8 i = 0;
    NVIC_Configuration();
    CLI();
    RCC_APB2PeriphClockCmd(RCC_APB2Periph_GPIOA | RCC_APB2Periph_GPIOB |
                        RCC_APB2Periph_GPIOC, ENABLE);

    GPIO_InitStructure.GPIO_Pin = GPIO_Pin_All;
    GPIO_InitStructure.GPIO_Mode = GPIO_Mode_AIN;
    GPIO_Init(GPIOA, &GPIO_InitStructure);
    GPIO_Init(GPIOB, &GPIO_InitStructure);
    GPIO_Init(GPIOC, &GPIO_InitStructure);

    RCC_APB2PeriphClockCmd(RCC_APB2Periph_GPIOA | RCC_APB2Periph_GPIOB |
                        RCC_APB2Periph_GPIOC, DISABLE);
    //JTAG_Remap
    RCC_APB2PeriphClockCmd(RCC_APB2Periph_GPIOA | RCC_APB2Periph_GPIOB | RCC_
APB2Periph_AFIO, ENABLE);
    //JTAG - DP Disabled and SW - DP Enabled
    GPIO_PinRemapConfig(GPIO_Remap_SWJ_JTAGDisable, ENABLE);
    Systick_Init(72);
    LED_Init();
    LED_USER_On();

    UART1_Configuration();
    UART2_Configuration();
```

```
//1ms 中断
TIM3_Configuration();
TIM2_Configuration();
BT_Init();
BT_Reset();
delay_ms(5000);

for(i = 0; i < 26;i++)
    tx_buf[i] = 0;
for(i = 0; i < 14;i++)
    rx_buf[i] = 0;
tx_buf_init();
BT_State = 0;
BT_Cnt = 0;
Uart_RecvFlag = 0;
rx_counter = 0;
Uart_RecvFlag1 = 0;
rx_counter1 = 0;
/* Open Global Interrupt */
SEI();
AT("AT + ROLE0", 8);                    //设置从模式
while(1)
{
}

}
```

蓝牙重设复位函数:

```
void BT_Reset(void)
{
    GPIO_ResetBits(GPIOA, GPIO_Pin_1);
    delay_ms(10);
    GPIO_SetBits(GPIOA, GPIO_Pin_1);
    delay_ms(1000);
}
```

4. 硬件连接

用 J-Link 连接 PC 与实验箱,用实验箱配套的电源给实验箱供电,并给模块上电。

5. 建立工程,编译运行

在 IAR Embedded Workbench for ARM 5.41 软件环境中,打开工程,将工程进行编译。具体方法可以选择 Project 中的 Rebuild All 或者选中工程栏中的工程文件然后右击选择 Rebuild All 进行编译,如图 3.31 所示。

将编译好的代码下载到选中的模块中,按下模块上的 BT——RST 按键,将模块

复位一次,如图 3.32 所示。

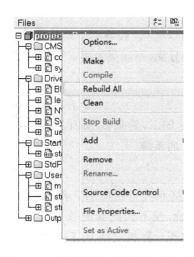

图 3.31 IAR Embedded Workbench
for ARM 5.41 软件环境

图 3.32 模块复位

5. 通信测试

打开手机(PC)的蓝牙设备,然后搜索设备,搜索的设备中有 Cyb-Bot 时,连接,无须输入密码,即可完成配对如图 3.33 所示。

注意:关于无线蓝牙的使用环境,无线信号包括蓝牙应用都受周围环境的影响很大,如树木、金属等障碍物会对无线信号有一定的吸收,从而在实际应用中,数据传输的距离受一定的影响。

计算机蓝牙驱动问题,在从模式情况下,计算机上使用蓝牙适配器,通用的有WIDCOMM IVT Windows 自带的驱动。推荐采用 Windows 自带的驱动,如图 3.34所示。

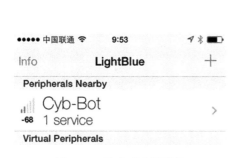

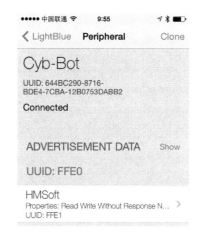

图 3.33 搜索到蓝牙模块

图 3.34 蓝牙模块连接成功

BLE4.0蓝牙模块连接手机(PC)项目常见问题如下。

1. 什么是 BLE

从蓝牙 4.0 开始有两个分支:经典 4.0 和 BLE4.0。经典 4.0 就是传统的 3.0 蓝牙升级而成,向下兼容。而 BLE 4.0 是一个新的分支,不向下兼容。BLE 是低功耗蓝牙的缩写,顾名思义,其功耗较低。

2. 哪些设备支持 BLE

iPhone 4s/5/5c/5s/iPad 3/4/mini 等都支持 BLE,无须做 MFI 认证。装配了蓝牙 4.0 的 Android 手机并且升级到 Android 4.3 的系统。

3. 为什么计算机上不支持 BLE

计算机上如果装配了 4.0 双模的蓝牙适配器(双模指经典 4.0 和 BLE 4.0)在硬件上是支持 BLE 的,只不过目前的现状比较尴尬,找不到配套的软件去动这个适配器。目前计算机上的代用产品是 HM-15,可以实现计算机支持 BLE 通信。

4. 为什么在系统蓝牙界面下找不到 BLE 设备

手机蓝牙默认工作在经典模式下,需要通过程序来实现搜索,配对连接和通信的整个过程。iOS 系统,如果没有开发者证书请从苹果商店下载 LightBlue,www. jnhuamao. cn 下载中心,有 LightBlue 使用说明。Android 系统,请在 www. jnhuamao. cn 下载 BLE 串口助手,或者从 Android 市场搜索 BLE 串口助手。

第**4**章

WiFi(Wireless-Fidelity)通信

4.1 项目任务

在本项目中要完成以下任务。

(1) WiFi 通信硬件模块及接口分析;

(2) WiFi 通信软件程序及接口分析;

(3) 使用 WiFi 通信模块,完成相应网络结构的传感器数据通信应用设计。

具体任务指标如下:

基于 WiFi 网络的传感器数据通信应用设计。

4.2 项目的提出

"基于 WiFi 网络的传感器数据通信应用设计"是以 WiFi 模块为通信基础,采用 32 位高性能低功耗的 STM32F103C8 处理器为核心处理器,其上位机 Windows 开发环境使用的是嵌入式集成开发环境 IAR Embedded Workbench for ARM 5.41,采用 WiFi 模块 HF-A11 与 STM32 硬件连接,程序控制实现 STA 节点上传感器采集到的数据通过 WiFi 发送到 AP 节点上,并从 AP 节点模块上的 STM32 的串口 1 中打印出来。

4.3 实施项目的预备知识

预备知识的重点内容：

(1) 理解 WiFi 通信技术的概念、技术特点；

(2) 了解 WiFi 通信模块的通信原理；

(3) 重点掌握实现 WiFi 通信模块组网配置方法；

(4) 重点掌握基于 WiFi 网络的传感器数据通信应用设计。

关键术语：

WLAN：是 Wireless Local Area Network(无线局域网)的缩写。广义的 WLAN,是指通过无线通信技术将计算机设备互连起来,构成通信网络。狭义的 WLAN,是指采用 IEEE 802.11 无线技术进行互连的通信网络。目前的 WLAN 一般指 802.11 无线网络。IEEE 802.11,是国际电工电子委员会(Institute of Electrical and Electronics Engineers)下负责 WLAN 标准制定的工作组。

WiFi[①]：全称为 Wireless-Fidelity,是最大的 WLAN 工业组织 WiFi 联盟(WiFi Alliance)的商标,该组织致力于对 WLAN 设备进行兼容性认证测试。WiFi 是指 WiFi 联盟认证,通过认证的产品,可以使用 WiFi 的 Logo。通常,Wi-Fi 作为 WLAN 的同义词使用,尽管并非所有 WLAN 设备都进行 WiFi 认证。该技术使用的是 2.4GHz 附近的频段,该频段目前尚属没用许可的无线频段(在 2.4GHz 及 5GHz 频段上免许可)。最高带宽为 11Mb/s,在信号较弱或有干扰的情况下带宽可调整为 5.5Mb/s、2Mb/s 和 1Mb/s；其主要特性为速度快可靠性高,在开放性区域通信距离可达 305m,在封闭性区域通信距离为 76~122m,方便与现有的有线以太网络整合,组网的成本更低。

预备知识的内容结构：

$$\text{WiFi} \begin{cases} \text{WiFi：通信技术的概述} \\ \text{WiFi：硬件结构的原理} \\ \text{WiFi：传输模式} \end{cases}$$

---

① 引自 http://baike.baidu.com/view/3991832.htm

预备知识：

4.3.1　WiFi 概述

1. WPAN、WLAN、WMAN 的区别

WPAN：无线个域网，即采用无线连接的个人局域网，它被用在诸如手机、计算机、PDA 之间的小范围(一般是在 10m 以内)通信。WPAN 的技术包括蓝牙、ZigBee、红外等，其中蓝牙应用最广泛。

WLAN：无线局域网。一般应用于家庭、企业和热点覆盖，覆盖半径在几十米到几百米，提供 PC 和手机高速上网。无线局域网采用 WiFi 技术，速率可到达几十 Mb/s，使用方式与有线局域网一样，简单易用。

WMAN：无线城域网。提供城市范围的无线覆盖，用于进行城市范围内的宽带无线数据传输。无线城域网采用 WiMax 技术，覆盖半径几千米到几十千米，速率可达到几十 Mb/s。

2. WLAN 和 WiFi 的区别

WLAN 是无线网络的缩写，又叫作无线局域网。同理，无线城域网叫作 WMAN。

WiFi 是无线网络中的一个标准，比如 IEEE 802.11a/b/g 之类的都属于 WiFi 这个标准。

3. 主要的 802.11 标准

802.11：1997 年，IEEE 无线局域网标准制定；

802.11b：2.4GHz 直序扩频传输速率 1～11Mb/s；

802.11a：5GHz 正交频分复用，传输速率 6～54Mb/s；

802.11g：2.4GHz 兼容 802.11b，传输速率到 22Mb/s；

802.1x：基于端口的访问控制协议；

802.11i：增强 WiFi 数据加密和认证(WPA,RSN)；

802.11e：QoS 服务。

4. WLAN 标准化进程

1990 年，IEEE 802.11 标准工作组成立；

1997 年，IEEE 802.11 标准发布(2Mb/s，工作在 2.4GHz)；

1999 年，IEEE 802.11a 标准发布(54Mb/s，工作在 5GHz)；

1999 年，IEEE 802.11b 标准发布(11Mb/s 工作在 2.4GHz)；

2003 年，IEEE 802.11g 标准发布(54Mb/s，工作在 2.4GHz)；

2007 年，IEEE 802.11n draft2 发布(300Mb/s，工作在 2.4GHz/5.8GHz)。

5. WLAN 产业化进程

1999 年，Wireless Ethernet Compatibility Alliance（WECA）成立，后来 WECA

更名为 WiFi Alliance(Wi-Fi 联盟),现总部设在美国德州,成员单位超过 300 个;

2000 年,WiFi 联盟启动了 WiFi 认证计划(WiFi CERTIFIED),对 WLAN 产品进行 802.11 兼容性认证测试;

2007 年,WiFi 联盟启动 IEEE 802.11n draft2 认证测试;

截至 2008 年,累计超过四千种 WLAN 设备通过 WiFi 认证(WiFi CERTIFIED),2008 年年底,累计超过 10 亿的 WiFi 芯片出货量;

2012 年,预计 WiFi 芯片的年出货量达到 14.01 亿。

6. IEEE 802.11a/b/g/n 制式的比较

下面给出了 IEEE 802.11a/b/g/n 制式的相关内容,考虑了一堵墙的损耗,与墙的数目和类型有关,对比如表 4.1 所示。

表 4.1　IEEE 802.11a/b/g/n 制式的比较

802.11 模式	发布时间	频段 /GHz	最大可用带宽/(Mb/s)	物理层最大带宽/(Mb/s)	调整模式	室内覆盖半径[1]/m	室外覆盖半径[2]/m
a	1999	5	23	54	OFDM	~35	~120
b	1999	2.4	4.3	11	DSSS	~38	~140
g	2003	2.4	19	54	OFDM	~38	~140
n draft2.0	2007	2.4 5	74	300	OFDM	~70	~250

7. WLAN 学习网站

IEEE 802.11 官方网站:http://www.ieee802.org/11/;

WiFi 联盟官方网站:http://www.wi-fi.org/;

WiFi 论坛:http://www.wi-fiplanet.com/。

4.3.2　WiFi 硬件结构原理

WiFi 工作模块由 STM32 处理器和 WiFi 模块搭建而成,具体工作原理如下。WiFi 模块使用的是 HF-11x 模块,模块默认为 AP 接口。用户可以通过 PC 连接 HF-A11X 的 AP 接口,并用 Web 管理页面配置。

HA-A11X 是一款应用于 2.4GHz 的 WiFi 调制芯片,其电路图如图 4.1 所示。

"Wifi_nRST"为 WiFi 模块复位引脚,低电平复位,不按下 S3 时该引脚为高电平,按下 S3 时该引脚为低电平,复位时间需大于 300ms,按下 S3 能实现复位 WiFi 模块;S4 为恢复出厂设置按键,按下 S4 持续 5s,然后松手,再按下 S4 直到"Ready"指示灯由亮变灭,WiFi 模块完成恢复出厂设置。LED3 为模块启动状态指示灯,模块启动完毕后"Wifi_nREADY"引脚输出 0,否则输出 1,当该引脚输出低电平时 LED3 为"亮",反之,LED3 为"灭";LED4 为 WiFi 模块连接状态指示灯,WiFi 有连接时"Wifi_nLINK"引脚输出 0,LED4 亮,反之输出 1,LED4 灭。UART_TXD、UART_RXD、

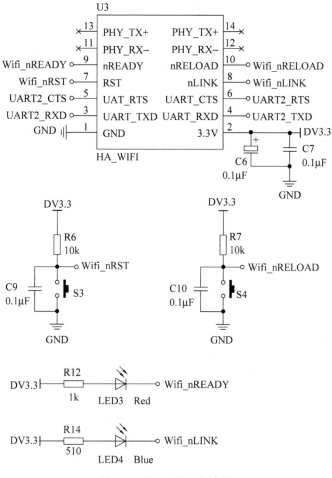

图4.1　HA-A11X电路图

UART_CTS、UART_RTS为串口通信接口,带硬件流控制,与STM32的UART2连接,如图4.2所示。

默认情况下,HF-A11X的AP接口SSID为HF-A11X_AP,IP地址和用户名,密码如表4.2所示。

表4.2　HF-A11X网络默认设置

参　　数	默 认 设 置
SSID	HF-A11x_AP
IP 地址	10.10.100.254
子网掩码	255.255.255.0
用户名	admin
密码	admin

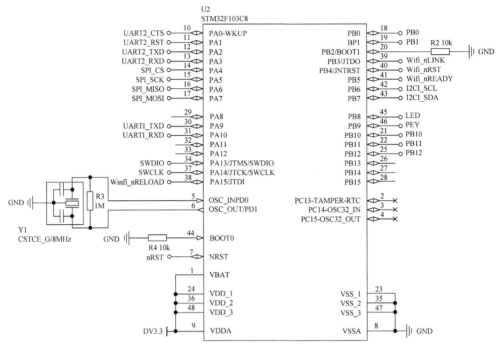

图 4.2　连接原理图

4.3.3　WiFi 的传输模式

HF-A11X 模块起动时,上位机软件流程图参考图 4.3。

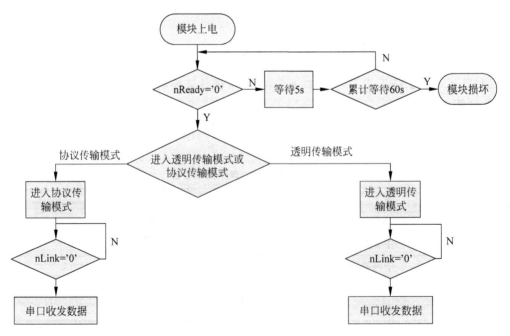

图 4.3　上位机软件流程图

1. 透明传输模式

HF-A11X 支持串口透明传输模式,可以实现串口即插即用,从而最大程度地降低用户使用的复杂度。在此模式下,所有需要收发的数据都被在串口与 WiFi 接口之间做透明传输,不做任何解析。在透明传输模式下,可以兼容用户原有的软件平台。用户设备基本不用做软件的改动就可以实现支持无线数据传输。

2. 协议传输模式

如果用户的数据要求 100%精确,或者用户的上位机(MCU)处理速度太低,可以采用协议传输模式保证 UART 数据的无误码传输。

协议传输模式主要保证 UART 接口上数据的准确性,在这种传输模式下,定义了串口线上传输数据结构,校验方式及两边设备握手方式。

在协议传输模式下,用户可以发送命令给 HF-A11X 模块,模块收到数据后会确认命令。HF-A11X 模块不会主动把数据发给用户设备,只有当用户设备向模块发送命令要求数据时,模块才会把数据发给用户设备,在 HF-A11X 模块内部有 1MB 的FIFO 保存用户数据。

4.4　项目实施

4.4.1　任务 1:WiFi 模块组网配置

(1)用配套线将设备和电源相连,并给设备供电;打开 WiFi 模块上的电源开关,给模块供电。

(2)使用 WiFi 节点部分模块上的 ReLoad 按键将模块恢复默认设置。方法是模块上的 Ready 指示灯亮后按下 ReLoad 按键一段时间(约 5s),然后松手,再按下该键一段时间至 Ready 指示灯熄灭,此时模块已经恢复默认设置。

(3)等 WiFi 的启动指示灯亮后,用 PC 的无线网连接 HF-A11x_AP。等连接后,打开 IE,在地址栏中输入"http://10.10.100.254",回车。在弹出的对话框中输入用户名和密码,然后确认,如图 4.4 所示。

图 4.4　登录网页界面

然后网页上会出现 HF-A11 的管理界面,页面支持中英文,可在网页的右上角进行选择。网页管理有 5 个页面,分别为"模式选择"、"无线接入点设置"、"无线终端接口设置"、"应用程序设置"、"模块管理"。

(4) 无线模式选择网页的第一页中可以设置模式工作在 AP 模式或是 STA 模式。需要工作在 AP 模式的模块在这一步选择 AP 模式,需要工作在 STA 模式的模块可以选择 Station 模式,然后确定,如图 4.5 所示。

图 4.5　无线模式选择

(5) 无线接入点设置。

HF-A11X 支持 AP 接口,通过这个接口可以十分方便地对模块进行管理,而且可以实现自组网,管理页面如图 4.6 所示。包括"无线网络"、"安全模式"、"局域网设置"部分。需要说明的是设置成 STA 模式的模块不需要进行这一步设置,直接进行下一个步骤(6)。

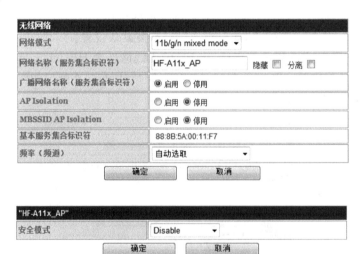

图 4.6　无线网络和安全模式

① 无线网络设置和安全模式。

在无线网络设置中,网络模式选择"11b/g/n mixed mode",网络名称选择默认即可,广播网络名称选择"启用",AP Isolation 和 MBSSID AP Isolation 都选用"停用"选项,频率(频道)设置为"自动选择"。然后单击"确定"按钮。再进入该页面进行安全模式设置,安全模式选择"自动选择",后单击"确定"按钮。

② 局域网设置。

在这一步,IP 地址设置成"192.168.1.1",子网掩码设置成"255.255.255.0",MAC地址值为默认值,DHCP 类型选择为"服务器",DHCP 网关设置改为 192.168.1.1,然后单击"确定"按钮,如图 4.7 所示。

局域网设置	
IP 地址	192.168.1.1
子网掩码	255.255.255.0
MAC 地址	88:8B:5A:00:11:F7
DHCP 类型	服务器 ▼
DHCP 网关设置	192.168.1.1

确定　　取消

图 4.7　局域网设置

(6) 无线终端接口设置。

无线终端接口,即 STA 接口。HF-A11X 可以通过 STA 接口接入其他无线网络中,设置页面分为无线终端接口参数和 DHCP 两部分。广域网联机模式选择动态,这时在 DHCP 服务器地址栏中填入 192.168.1.1,然后单击"确定"按钮,如图 4.8所示。广域网联机模式设置为"静态(固定 IP)"时,单击后出现三个列表格,IP 地址设置为"192.168.1.234"、子网掩码设置为"255.255.255.0"、网关设置为"192.168.1.1",更改完成后单击"确定"按钮。(设置为静态的目的是便于检验设置是否成功。)需要注意的是在进行设置时,设置为 AP 模式的模块不需要进行无线终端接口设置这一步。

无线终端接口参数	
SSID	HF-A11x_AP
MAC 地址 (可选)	
加密模式	OPEN ▼
加密算法	None ▼

确认　　取消

广域网联机模式:	动态 (自动获取) ▼
DHCP 模式	
DHCP服务器地址 (optional)	192.168.1.1

确定　　取消

图 4.8　无线终端和 DHCP 模式

(7) 串口及其他设置。

应用程序设置是对 WiFi 转 UART 应用参数的设置,包括:串口参数设置及网络协议的设置。

① 串口设置。

串口的设置为:波特率 115 200,数据位 8,校验位 None,停止位 1,CTSRTS 设置为 Disable。然后单击"确定"按钮,如图 4.9 所示。再进入此页面进行下一步设置。

图 4.9　串口设置

② UART 自动生成帧设置。

UART 自动生成帧设置表中,需将 UART 自动成帧选择为 Enable,会出现自动成帧时间和自动成帧字节数两项,这两列分别设成 200 和 16,如图 4.10 所示。设置完成后,单击"确定"按钮,再进入页面,进行下一步的设置。

图 4.10　UART 自动成帧设置

③ 网络设置。

在这一项的设置中,网络模式选择 Client,协议为 UDP,端口设置成 45 000,服务器的地址设置为 192.168.1.120。设置完成后,单击"确认"按钮,再进入模块管理进行设置,如图 4.11 所示。

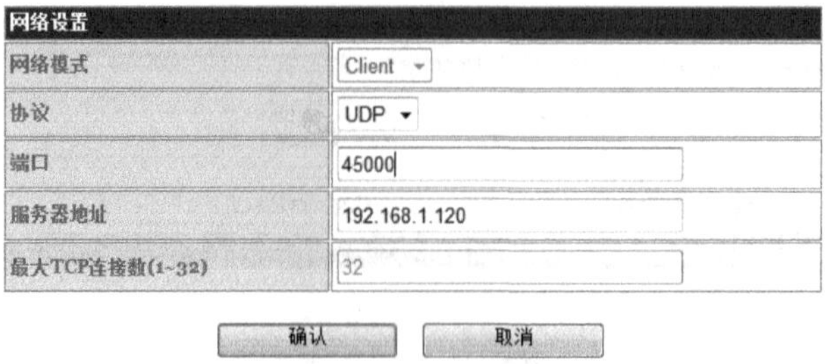

网络设置	
网络模式	Client
协议	UDP
端口	45000
服务器地址	192.168.1.120
最大TCP连接数(1~32)	32

确认　　取消

图 4.11　网络设置

注意：先只更改网络模式为 Client 后单击"确认"按钮，之后返回该界面重新设置其他参数。（若一起设置后单击"确认"按钮网络模式会仍然为 Server。）

（8）模块管理。

模块管理包括用户名/密码设置、重启模块、恢复出厂设置及软件升级功能。在这一步中，只需进行重启模块中的"重启"即可，重启模块后，对模块的各项设置会生效，如图 4.12 所示。

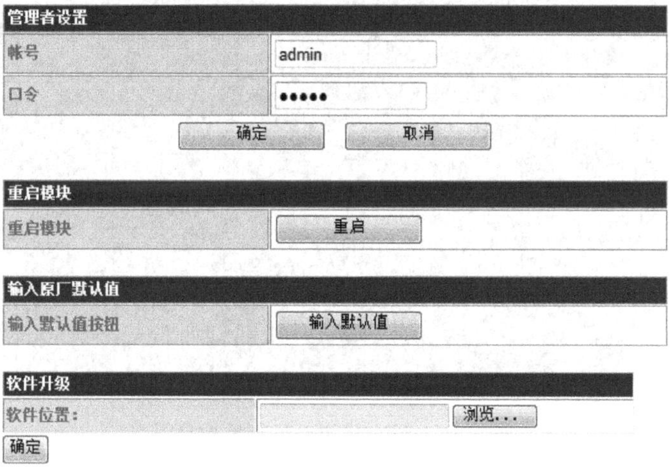

图 4.12　模块管理

（9）结果检验。

在 PC 的开始栏中或按 Win＋R 键后，输入"cmd"回车，然后输入"ping 192.168.1.1"，回车，观察现象。若结果显示为有来自"192.168.1.1"的回复，则 AP 模块配置设置成功，如图 4.13 所示。

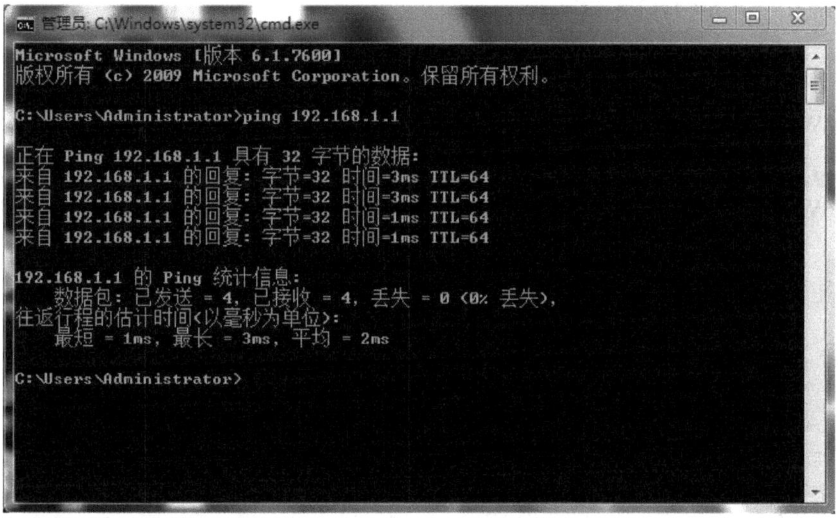

图 4.13　AP 模块设置检验结果图

若输入"ping 192.168.1.234",结果显示有来自"192.168.1.234"的回复,则说明STA 模块设置成功。具体如图 4.14 所示。

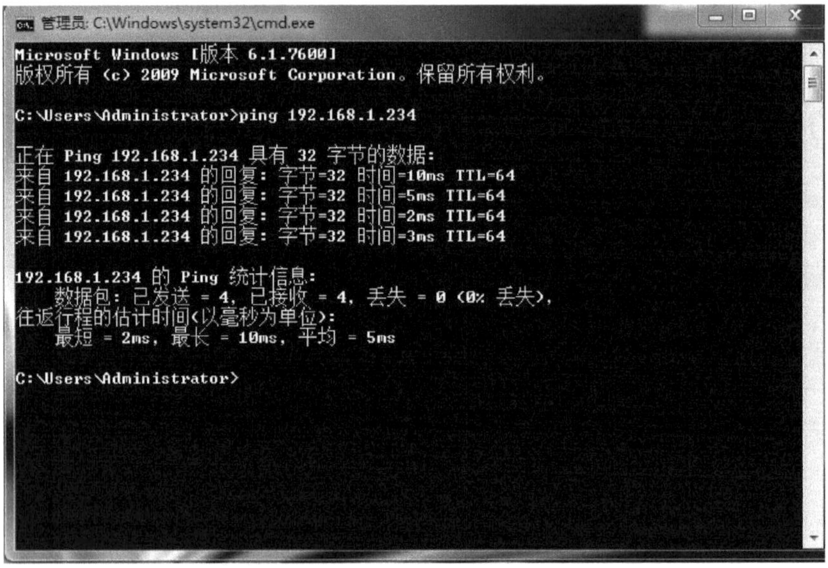

图 4.14 STA 模块设置结果检验图

注意：在步骤中涉及有关 SSID 和服务器的说明,在步骤(5)中,需要设置 AP 节点的网络名称和 STA 节点的 SSID 一致,否则会影响结果。在步骤(7)中,"网络设置"部分,服务器地址的设置与否不会影响结果,但在"下一个子项目中"会影响结果,至于如何设置,在"下一个子项目中"中会有相关说明。

4.4.2 任务 2：基于 WiFi 网络的传感器数据通信应用设计

1. 软件工作原理

在 WiFi 传感网中,子节点上的传感器把采集到的信息通过 WiFi 发送给根节点的 WiFi,再通过串口发送给 STM32。利用串口工具可以采集根节点收到的信息,再根据 WiFi 串口通信协议和传感器底层协议对传感器接收到的物理信息进行判断。

WiFi 串口通信协议：

```
u8 DataHeadH;           //包头 0xEE
u8 DataDeadL;           //包头 0xCC
u8 NetID;               //所属网络标识 00(ZigBee) 01(蓝牙)02(WiFi)03(IPv6)04(RFID)
u8 NodeAddress[4];      //节点地址
u8 FamilyAddress[4];    //根节点地址
u8 NodeState;           //节点状态
```

```
u8 NodeChannel;            //WiFi 节点编号
u8 ConnectPort;            //通信端口
u8 SensorType;             //传感器类型编号
u8 SensorID;               //相同类型传感器 ID
u8 SensorCMD;              //节点命令序号
u8 Sensordata1;            //节点数据 1
u8 Sensordata2;            //节点数据 2
u8 Sensordata3;            //节点数据 3
u8 Sensordata4;            //节点数据 4
u8 Sensordata5;            //节点数据 5
u8 Sensordata6;            //节点数据 6
u8 Resv1;                  //保留字节 1
u8 Resv2;                  //保留字节 2
u8 DataEnd;                //节点包尾 0xFF
```

一帧数据为定长 26 字节。

CBT 传感器说明及传感器底层协议请参照前续项目。

2. 源码实现

```
//接收传感器数据缓冲区
u8 rx_buf[14];
u8 rx_counter;
u8 Uart_RecvFlag = 0;
//发送缓冲区
u8 tx_buf[14];

    GPIO_InitTypeDef GPIO_InitStructure;
    u8 i = 0;
    NVIC_Configuration();              //中断设置
    CLI();
RCC_APB2PeriphClockCmd(RCC_APB2Periph_GPIOA | RCC_APB2Periph_GPIOB |
                       RCC_APB2Periph_GPIOC, ENABLE);
    GPIO_InitStructure.GPIO_Pin = GPIO_Pin_All;
    GPIO_InitStructure.GPIO_Mode = GPIO_Mode_AIN;
    GPIO_Init(GPIOA, &GPIO_InitStructure);
    GPIO_Init(GPIOB, &GPIO_InitStructure);
    GPIO_Init(GPIOC, &GPIO_InitStructure);
    RCC_APB2PeriphClockCmd(RCC_APB2Periph_GPIOA | RCC_APB2Periph_GPIOB |
                       RCC_APB2Periph_GPIOC, DISABLE);
    //JTAG_Remap
    RCC_APB2PeriphClockCmd(RCC_APB2Periph_GPIOA | RCC_APB2Periph_GPIOB | RCC_
APB2Periph_AFIO, ENABLE);
    //JTAG-DP Disabled and SW-DP Enabled
    GPIO_PinRemapConfig(GPIO_Remap_SWJ_JTAGDisable, ENABLE);
```

```
        Systick_Init(72);                        //系统时钟设置
        LED_Init();
        LED_USER_On();
        UART1_Configuration();                   //串口1设置
        UART2_Configuration();                   //串口2设置
        WiFi_Init();
        //等待 WiFi ready
        while(GPIO_ReadInputDataBit(GPIOB,GPIO_Pin_5) != Bit_RESET);
        //等待 WiFi link
        while(GPIO_ReadInputDataBit(GPIOB,GPIO_Pin_3) != Bit_RESET);
        delay_ms(1000);
SEI();                                           //开中断
```

AP 节点输出函数：

```
while(1)
    {
        Uart_RecvFlag = 0;                      //允许串口接收数据
        while(Uart_RecvFlag == 0);              //等待接收数据

        //处理并发送数据
        for(i = 0; i < 14;i++)
                tx_buf[i] = rx_buf[i];

        UART1_SendString(tx_buf, 14);           //串口1发送数据

        LED_USER_Toggle();
        delay_ms(2000);
    }
```

STA 向 AP 发送发送数据函数：

```
while(1)
    {
        Uart_RecvFlag = 0;                      //允许串口接收数据
        while(Uart_RecvFlag == 0);              //等待接收数据

        //处理并发送数据
        for(i = 0; i < 14;i++)
                tx_buf[i] = rx_buf[i];

        UART2_SendString(tx_buf, 14);

        LED_USER_Toggle();
        delay_ms(2000);
    }
```

STA 串口 1 中断处理函数:

```
void USART1_IRQHandler(void)
{
    u8 data;
    if(USART_GetITStatus(USART1, USART_IT_RXNE) != RESET)
      {
        CLI();
        data = USART_ReceiveData(USART1);
        if (!Uart_RecvFlag)
        {
            rx_buf[rx_counter] = data;
            switch (rx_counter)
            {
                case 0:
                    if (data == 0xEE)    rx_counter = 1;
                    break;
                case 1:
                    if (data == 0xCC)    rx_counter = 2;
                    else rx_counter = 0;
                    break;
                case 2:
                case 3:
                case 4:
                case 5:
                case 6:
                case 7:
                case 8:
                case 9:
                case 10:
                case 11:
                case 12:
                    rx_counter++;
                    break;
                case 13:
                    if (data == 0xFF)
                        Uart_RecvFlag = 1;
                    rx_counter = 0;
                    break;
            }
          }
        else
            rx_counter = 0;
        SEI();
        /* Clear the USART1 Receive interrupt */
```

```
            USART_ClearITPendingBit(USART1, USART_IT_RXNE);
        }
}
```

AP 节点串口 2 中断处理函数：

```
void USART2_IRQHandler(void)
{
    u8 data;
    if(USART_GetITStatus(USART2, USART_IT_RXNE) != RESET)
    {
        CLI();
        data = USART_ReceiveData(USART2);
        if (!Uart_RecvFlag)
        {
            rx_buf[rx_counter] = data;
            switch (rx_counter)
            {
                case 0:
                    if (data == 0xEE)    rx_counter = 1;
                    break;
                case 1:
                    if (data == 0xCC)    rx_counter = 2;
                    else    rx_counter = 0;
                    break;
                case 2:
                case 3:
                case 4:
                case 5:
                case 6:
                case 7:
                case 8:
                case 9:
                case 10:
                case 11:
                case 12:
                    rx_counter++;
                    break;
                case 13:
                    if (data == 0xFF)
                        Uart_RecvFlag = 1;
                    rx_counter = 0;
                    break;
            }
        }
```

```
        else
            rx_counter = 0;
    SEI();
    /* Clear the USART2 Receive interrupt */
    USART_ClearITPendingBit(USART2, USART_IT_RXNE);
    }
}
```

3. 硬件连接

用 J-Link 连接 PC 与实验箱,用实验箱配套的电源给实验箱供电,并给模块上电。用"WiFi 模块组网配置"的方法分别将 WiFi 模块设定成 AP 模式(一个)和 STA 模式(一个或多个),在进行 WiFi 模块设置时,服务器地址应设置为"192.168.1.1"。服务器地址的设置方法请参考前续子项目。在基于 WiFi 的配置组网中设置服务器地址在步骤(7)中的网络设置部分。

4. 建立工程,编译运行

对这次的工程进行编译,编译方法可使用界面中的 Project 中的 Rebuild All 或者选中工程栏中的工程文件,然后右击选择 Rebuild All 进行编译。具体方法如图 4.15 所示。

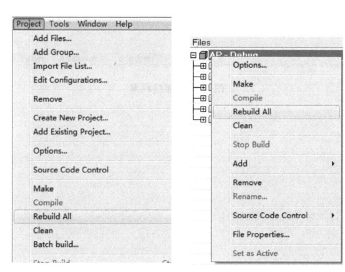

图 4.15　编译

5. 通信测试

将编译无错误的程序分别烧录进各个对应的模块中,然后将各个模块断电,把传感器分别插在各个模块中,先给 AP 模块上电,到 Ready 指示灯亮后再给 STA 模块上电。

将 AP 节点模块从实验箱上取下,将模块放在 USB2UART 上,并用连接线将其连接在 PC 上,打开串口调试工具,对串口调试工具进行设置,波特率 115 200,检验位 NONE,数据位 8,停止位 1,用串口工具观察 AP 点接收到的信息,可参见图 4.16,图中具体内容由 STA 模块上的传感器的情况决定,不代表最终数据。

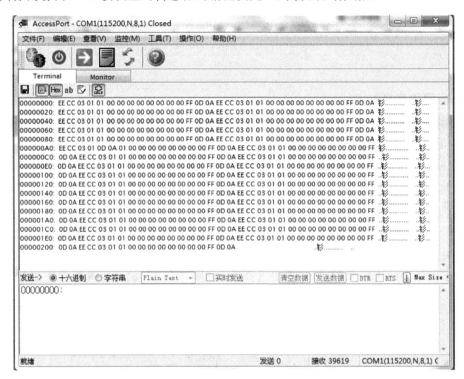

图 4.16　通信结果

第5章

IPv6 通 信

5.1 项目任务

在本项目中要完成以下任务。

(1) IPv6 相应模块的硬件接口分析;

(2) IPv6 无线模块的开发方法;

(3) 相应网络结构的传感器数据通信应用设计。

具体任务指标如下:

基于 IPv6 的传感器数据通信应用系统设计。

5.2 项目的提出

"基于 IPv6 的传感器数据通信应用系统设计"是以 IPv6 为通信基础,采用 32 位高性能低功耗的 STM32W108 处理器,其上位机 Windows 开发环境使用的是嵌入式集成开发环境 IAR EWARM 和 Cygwin Linux 环境。该开发环境使用 Cygwin 开发环境与 IAR(编译器)工具配合完成 IPv6 模块的程序编译与下载。通过本章内容的学习,读者可以迅速掌握上述 IPv6 无线模块的开发方法,以及相应网络结构的传感器数据通信应用系统设计。

5.3 实施项目的预备知识

预备知识的重点内容：

(1) 理解 IPv6 技术的概念、技术特点；

(2) 了解 IPv6 通信原理；

(3) 重点掌握 IPv6 网络协议栈功能；

(4) 重点掌握 IPv6 数据通信的原理与方法。

关键术语：

IPv6[①]：IPv6 是 Internet Protocol Version 6 的缩写，其中，Internet Protocol 译为"互联网协议"。IPv6 是 IETF(Internet Engineering Task Force，互联网工程任务组)设计的用于替代现行版本 IP 协议(IPv4)的下一代 IP 协议。它由 128 位二进制数码表示。全球因特网所采用的协议组是 TCP/IP 协议组。IP 是 TCP/IP 中网络层的协议，是 TCP/IP 协议组的核心协议。

预备知识的内容结构：

$$
\text{RFID(射频识别)}\begin{cases}
\text{RFID(射频识别)概述}\begin{cases}
\text{RFID 起源}\\
\text{RFID 系统结构}\\
\text{RFID 技术特点}
\end{cases}\\
\text{软件安装——嵌入式开发环境 IAR EWSTM8 1.30 安装}\\
\text{RFID 硬件技术}\begin{cases}
\text{STM8S 处理器}\\
\text{MF RC531 概述}\\
\text{RFID 标签}
\end{cases}
\end{cases}
$$

预备知识：

5.3.1 IPv6 概述

1. IPv6 起源

之前使用的第二代互联网 IPv4 技术，核心技术属于美国。它的最大问题是网络地址资源有限，从理论上讲，编址 1600 万个网络、40 亿台主机。但采用 A、B、C 三类编址方式后，可用的网络地址和主机地址的数目大打折扣，以致 IP 地址已于 2011 年几乎分配完毕。其中，北美占有 3/4，约三十亿个，而人口最多的亚洲只有不到 4 亿

---

① 引自 http://baike.baidu.com/subview/5228/5228.htm

个,中国截至 2010 年 6 月 IPv4 地址数量达到 2.5 亿,落后于 4.2 亿网民的需求。地址不足,严重地制约了中国及其他国家互联网的应用和发展。

一方面是地址资源数量的限制,另一方面是随着电子技术及网络技术的发展,计算机网络将进入人们的日常生活,可能身边的每一样东西都需要连入全球因特网。在这样的环境下,IPv6 应运而生。单从数量级上来说,IPv6 所拥有的地址容量是 IPv4 的约 8×10^{28} 倍,达到 2^{128}(算上全零的)个。这不但解决了网络地址资源数量的问题,同时也为除计算机外的设备连入互联网在数量限制上扫清了障碍。

但是与 IPv4 一样,IPv6 一样会造成大量的 IP 地址浪费。准确地说,使用 IPv6 的网络并没有 2^{128} 个能充分利用的地址。首先,要实现 IP 地址的自动配置,局域网所使用的子网的前缀必须等于 64,但是很少有一个局域网能容纳 2^{64} 个网络终端;其次,由于 IPv6 的地址分配必须遵循聚类的原则,地址的浪费在所难免。

但是,如果说 IPv4 实现的只是人机对话,而 IPv6 则扩展到任意事物之间的对话,它不仅可以为人类服务,还将服务于众多硬件设备,如家用电器、传感器、远程照相机、汽车等,它将是无时不在、无处不在的深入社会每个角落的真正的宽带网,而且它所带来的经济效益将非常巨大。2013 年 4 月 11、12 日,举办了 2013 全球 IPv6 下一代互联网高峰会。2013 年 8 月 13～15 日,2013 中国互联网大会话题涉及 IPv6 等领域。

2. IPv6 的特点

(1) IPv6 地址长度为 128 位,地址空间增加了 2^{128}。

(2) 灵活的 IP 报文头部格式。使用一系列固定格式的扩展头部取代了 IPv4 中可变长度的选项字段。IPv6 中选项部分的出现方式也有所变化,使路由器可以简单路过选项而不做任何处理,加快了报文处理速度。

(3) IPv6 简化了报文头部格式,字段只有 8 个,加快报文转发,提高了吞吐量。

(4) 提高安全性。身份认证和隐私权是 IPv6 的关键特性。

(5) 支持更多的服务类型。

(6) 允许协议继续演变,增加新的功能,使之适应未来技术的发展。

3. IPv6 的应用及前景

在 IPv4 下,根据 IP 查人也比较麻烦,电信局要保留一段时间的上网日志才行,通常因为数据量很大,运营商只保留三个月左右的上网日志,比如查前年某个 IP 发帖子的用户就不能实现。

IPv6 的出现可以从技术上一劳永逸地解决实名制这个问题,因为那时 IP 资源将不再紧张,运营商有足够多的 IP 资源,那时候运营商在受理入网申请的时候,可以直接给该用户分配一个固定 IP 地址,这样实际就实现了实名制,也就是一个真实用户和一个 IP 地址的一一对应。

当一个上网用户的 IP 固定了之后,任何时间做的任何事情都和一个唯一 IP 绑定,在网络上做的任何事情在任何时间段内都有据可查,并且无法否认。

IPv6 一个重要的应用是网络实名制下的互联网身份证,目前基于 IPv4 的网络因为 IP 资源不够,IP 和上网用户无法实现一一对应,所以难以实现网络实名制。

IPv6 的广泛部署依赖于未来因特网的良好发展,目前 IPv4 的规范大部分已经完成,但广泛部署的条件还有待进一步成熟,在保持目前 IPv4 网络良好运行的同时,对 IPv6 新技术的测试和实验应加快进行,并在一个较短的过程中,从 IPv4 网络过渡到 IPv6 网络。当然,IPv6 部署的最关键因素是应用。3G 业务、IP 电信网、个人智能终端、家庭网络,这些现在听起来还很新鲜的名词,相信随着 IPv6 协议的不断推广会走入寻常百姓家。

现在网络设备的投资仍然制约着 IPv6 协议的迅速推广。用于制造计算机芯片的单晶硅资源也在不断枯竭。目前已经有一些材料科学家在讨论,是否可以用纳米级的工程陶瓷替代单晶硅制造计算机芯片等一系列的设备硬件。如果在未来能研发出合适的纳米级工程陶瓷用以替代单晶硅制造计算机芯片等一系列的设备硬件,降低设备成本,将会推进 IPv6 协议的进一步推广和应用。

4. IPv6 的关键技术

(1) IPv6DNS 技术。DNS 是 IPv6 网络与 IPv4DNS 的体系结构,是统一树状结构的域名空间的共同拥有者。在从 IPv4 到 IPv6 的演进阶段,正在访问的域名可以对应于多个 IPv4 和 IPv6 地址,未来随着 IPv6 网络的普及,IPv6 地址将逐渐取代 IPv4 地址。

(2) IPv6 路由技术。IPv6 路由查找与 IPv4 的原理一样,是最长的地址匹配原则,选择最优路由还允许地址过滤、聚合、注射操作。原来的 IPv4IGP 和 BGP 的路由技术,如 RIP,ISIS,OSPFv2 和 BGP-4 动态路由协议一直延续 IPv6 网络中,使用新的 IPv6 协议,新的版本分别是 RIPng、ISISv6、OSPFv3,BGP4＋。

(3) IPv6 安全技术。相比 IPv4,IPv6 没新的安全技术,但更多的 IPv6 协议通过 128 字节的、IPsec 报文头包的、ICMP 地址解析和其他安全机制来提高安全性的网络。从 IPv6 的关键技术的角度来看,IPv6 和 IPv4 的互联网体系改革,重点是修正 IPv4 的缺点。过去在处理的过程中,在不同的数据流的 IPv4 大规模的更新浪潮的咨询服务。IPv6 将进一步改善互联网的结构和性能,因此它能够满足现代社会的需要。

5.3.2　软件安装

1. 嵌入式集成开发环境 IAR EWARM 安装

该步骤具体参见蓝牙通信项目内容,这里不再赘述。

2. Cygwin 环境安装

(1) 使用 Daemon tools 虚拟光驱打开 Cygwin-2011-11-2.isz 光盘镜像开始安装,如图 5.1 所示。

(2) 单击"下一步"按钮开始安装,选择 Install from Local Directory,如图 5.2 所示。

(3) 安装 root 目录选择默认在 C 盘 Cygwin 文件夹,如图 5.3 所示。

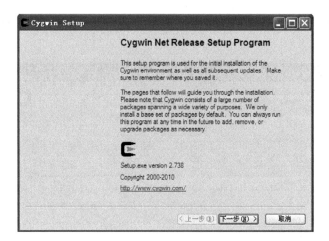

图 5.1　打开安装包

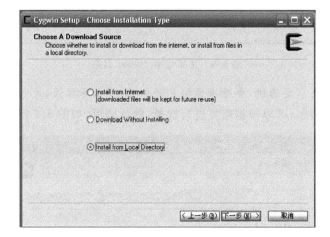

图 5.2　从本地安装

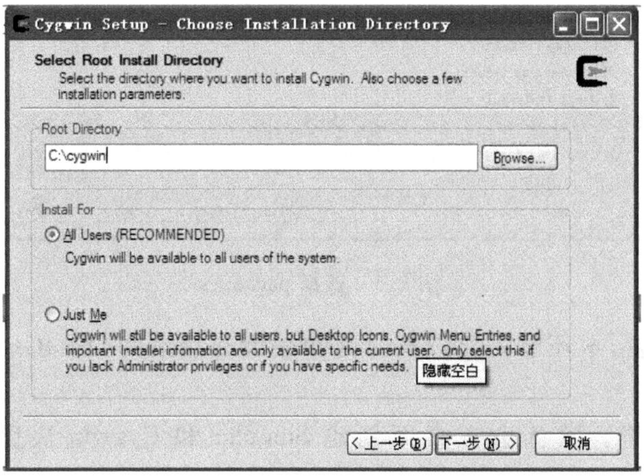

图 5.3　安装目录

（4）选择本地安装包,根据实际情况,指定为虚拟光驱盘符中的 H:\release 目录,如图 5.4 所示。

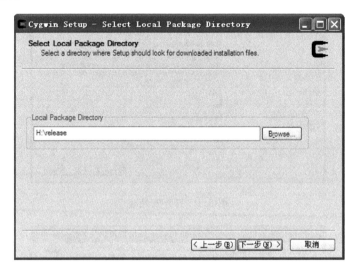

图 5.4　选择光驱 release 目录

注意：该目录不要选错,要选择虚拟光驱中的 release 目录,才可以正确安装。

（5）选择安装包,可以根据需要进行选择,默认即可,如图 5.5 所示。

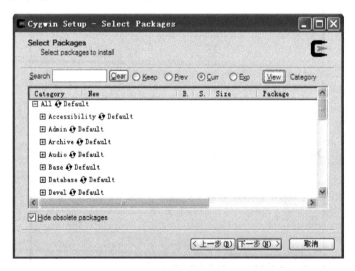

图 5.5　选择 packages

（6）开始安装,本环节需要较长时间和较大磁盘空间(约 4GB)来进行安装,如图 5.6 所示。

（7）安装完毕。默认会在桌面创建 Singular 和 Cygwin 快捷方式,如图 5.7 所示。

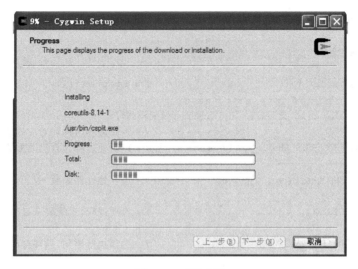

图 5.6 开始安装

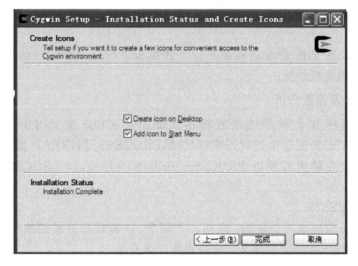

图 5.7 安装完成

5.4 项目实施

5.4.1 任务 1：基于 IPv6 的 Contiki 系统入门

利用 STM32 处理器，使用 Cygwin 开发环境，利用 IAR 编译工具对 Contiki 系统进行编译，下载测试程序到 IPv6 模块运行测试。

1. 源码实现

这里以 Contiki 系统 examples 目录下的 hello-world 例程为例（用于向串口打印

"Hello World")。

```
# include "contiki.h"

# include < stdio. h>                              / * For printf() * /
/ * ------------------------------------------- * /
PROCESS(hello_world_process, "Hello world process");
                                        / * 定义进程名称和对应处理函数 * /
AUTOSTART_PROCESSES(&hello_world_process);   / * 声明此进程为自启动方式加入系统 * /
/ * ------------------------------------------- * /
PROCESS_THREAD(hello_world_process, ev, data) / * 进程处理器函数 * /
{
  PROCESS_BEGIN();                         / * 启动进程,系统要求必须调用 * /
  while(1){
  printf("Hello, world\r\n");              / * 进程执行语句,循环打印 * /
   }
  PROCESS_END();                           / * 结束进程,系统要求必须调用 * /
}
/ * ------------------------------------------- * /
```

在 Contiki 系统中,所有进程都是以上述模板进行定义和实现的,下面以 hello-world 例程为例进行分析。

2. 主要宏及函数分析

Contiki 程序有着非常规范的程序步骤,PROCESS 宏用来声明一个进程;AUTOSTART 宏是使这个进程开机自启动,PROCESS_THREAD 里面定义的是程序的主体,并且主体内部要以 PROCESS_BEGIN()开头,以 PROCESS_END()来结束。

1) PROCESS 宏

PROCESS 宏完成两个功能:声明一个函数,该函数是进程的执行体,即进程的 thread 函数指针所指的函数定义一个进程源码展开如下。

```
//PROCESS(hello_world_process, "Hello world");
# define PROCESS(name, strname) PROCESS_THREAD(name, ev, data); \
structprocessname = {NULL, strname, process_thread_ ## name }
```

对应参数展开为:

```
# define PROCESS((hello_world_process, "Hello world")
PROCESS_THREAD(hello_world_process, ev, data); \
structprocesshello_world_process = { NULL, "Hello world", process_thread_hello_world_
process };
```

(1) PROCESS_THREAD 宏

PROCESS_THREAD 宏用于定义进程的执行主体,宏展开如下。

```
#define PROCESS_THREAD(name, ev, data) \
staticPT_THREAD(process_thread_##name(struct pt * process_pt, process_event_t ev,
process_data_t data))
```

对应参数展开为:

```
//PROCESS_THREAD(hello_world_process, ev, data);
staticPT_THREAD(process_thread_hello_world_process(struct pt * process_pt, process_
event_t ev, process_data_t data));
```

PT_THREAD 宏:用于声明一个 protothread,即进程的执行主体,宏展开如下。

```
#define PT_THREAD(name_args) char name_args
```

展开之后即为:

```
//static PT_THREAD(process_thread_hello_world_process(struct pt * process_pt, process
_event_t ev, process_data_t data));
staticcharprocess_thread_hello_world_process(struct pt * process_pt, process_event_t
ev, process_data_t data);
```

声明一个静态的函数 process_thread_hello_world_process,返回值是 char 类型。
struct pt * process_pt 可以直接理解成 lc,用于保存当前被中断的地方(保存程序断点),以便下次恢复执行。

(2)定义一个进程

PROCESS 宏展开的第二句,定义一个进程 hello_world_process,源码如下。

```
struct process hello_world_process = { NULL, "Hello world", process_thread_hello_world
_process };
```

结构体 process 定义如下。

```
struct process
{
structprocess * next;
constchar * name; /* 此处略作简化,源代码包含预编译#if。即可以通过配置,使得进程名
称可有可无 */
PT_THREAD(( * thread)(struct pt * , process_event_t, process_data_t));
structpt pt;
unsigned char state, needspoll;
};
```

可见进程 hello_world_process 的 lc、state、needspoll 都默认置为 0。

2）AUTOSTART_PROCESSES 宏

AUTOSTART_PROCESSES 宏实际上是定义一个指针数组,存放 Contiki 系统运行时需自动启动的进程,宏展开如下。

```
//AUTOSTART_PROCESSES(&hello_world_process);
#define AUTOSTART_PROCESSES(...) \ struct process * const autostart_processes[] = {__
VA_ARGS__, NULL}
```

这里用到 C99 支持可变参数宏的特性,如: #define debug(…) printf(__VA_ARGS__),缺省号代表一个可以变化的参数表,宏展开时,实际的参数就传递给 printf() 了。例如: debug("Y = %d\n", y); 被替换成 printf("Y = %d\n", y);。那么,AUTOSTART_PROCESSES(&hello_world_process); 实际上被替换成:

```
struct process * const autostart_processes[] = {&hello_world_process, NULL};
```

这样就知道如何让多个进程自启动了,直接在宏 AUTOSTART_PROCESSES() 中加入需自启动的进程地址,比如让 hello_process 和 world_process 这两个进程自启动,如下:

```
AUTOSTART_PROCESSES(&hello_process,&world_process);
```

最后一个进程指针设成 NULL,则是一种编程技巧,设置一个哨兵(提高算法效率的一个手段),以提高遍历整个数组的效率。

3）PROCESS_THREAD 宏

PROCESS(hello_world_process，"Hello World"); 展开成两句,其中有一句是 PROCESS_THREAD(hello_world_process, ev, data)；。这里要注意到分号,是一个函数声明。而这个 PROCESS_THREAD(hello_world_process, ev, data) 没有分号,而是紧跟着"{}",是上述声明函数的实现。关于 PROCESS_THREAD 宏的分析,最后展开如下。

```
static char process_thread_hello_world_process(struct pt * process_pt, process_event_t
ev, process_data_t data);
```

提示：在阅读 Contiki 源码,手动展开宏时,要特别注意分号。

4）PROCESS_BEGIN 宏和 PROCESS_END 宏

原则上,所有代码都要放在 PROCESS_BEGIN 宏和 PROCESS_END 宏之间(如果程序全部使用静态局部变量,这样做总是对的。倘若使用局部变量,情况就比较复杂了,当然,不建议这样做),看完下面的宏展开,就知道原因了。

(1) PROCESS_BEGIN 宏,一步步展开如下。

```
#define PROCESS_BEGIN() PT_BEGIN(process_pt)
```

process_pt 是 struct pt * 类型，在函数头传递过来的参数，直接理解成 lc，用于保存当前被中断的地方，以便下次恢复执行。继续展开如下。

```
#define PT_BEGIN(pt) { char PT_YIELD_FLAG = 1; LC_RESUME((pt)->lc)
#define LC_RESUME(s) switch(s) { case 0:
```

把参数替换，结果如下。

```
{

charPT_YIELD_FLAG = 1;        /*将 PT_YIELD_FLAG 置1,类似于关中断?*/

switch(process_pt->lc)        /*程序根据 lc 的值进行跳转,lc 用于保存程序断点*/

{

case0:                        /*第一次执行从这里开始,可以放一些初始化的东西*/

;
```

读者会觉得很奇怪，PROCESS_BEGIN 宏展开都不是完整的语句，别急，看完下面的 PROCESS_END 就知道 Contiki 这些天才们是怎么设计的。

（2）PROCESS_END 宏，一步步展开如下。

```
#define PROCESS_END() PT_END(process_pt)

#define PT_END(pt) LC_END((pt)->lc); PT_YIELD_FLAG = 0; \ PT_INIT(pt); return PT_
ENDED; }

#define LC_END(s) }

#define PT_INIT(pt) LC_INIT((pt)->lc)
#define LC_INIT(s) s = 0;

#define PT_ENDED 3
```

整理一下，实际上为如下代码。

```
}
PT_YIELD_FLAG = 0;

(process_pt)->pt = 0;

return3;
}
```

PROCESS_BEGIN 宏和 PROCESS_END 宏是如此般配,天生一对。

针对本平台,main 函数在 platform/mb851 的 contiki-main.c 文件中,主要完成硬件、时钟、进程底层协议等的初始化。要执行 hello_world.c 的 process,主要是用到 main 函数的这个语句:

```
autostart_start(autostart_processes);
```

autostart_start()是一个函数,定义在 autostart_start.c 文件里面,函数定义如下。

```
void
autostart_start(struct process * const processes[])
{
  int i;

  for(i = 0; processes[i] != NULL; ++i) {
    process_start(processes[i], NULL);
    PRINTF("autostart_start: starting process '%s'\n", processes[i]->name);
  }
}
```

struct process * const process[]维护的是一个进程队列,然后轮流执行,此例中只有一个 hello_world 进程。要启动一个进程,必须要用到 process_start 函数,此函数的定义如下。

```
void
process_start(struct process * p, const char * arg)       //可以传递 arg 给进程 p,也可以
                                                          //不传,直接"NULL"
{
  struct process * q;

  /* First make sure that we don't try to start a process that is
     already running.    * //* 参数验证:确保进程不在进程链表中 */

  for(q = process_list; q != p && q != NULL; q = q->next);

  /* If we found the process on the process list, we bail out. */
  if(q == p) {
    return;
  }
  /* Put on the procs list.   * //* 把进程加到进程链表首部 */
  p->next = process_list;
  process_list = p;
  p->state = PROCESS_STATE_RUNNING;
  PT_INIT(&p->pt);                        //将 p->pt->lc 设为 0,使得进程从 case 0 开始执行
```

```
    PRINTF("process: starting '%s'\n", PROCESS_NAME_STRING(p));

    /* Post a synchronous initialization event to the process. */
    process_post_synch(p, PROCESS_EVENT_INIT, (process_data_t)arg);    //给进程传递一个
//PROCESS_EVENT_INIT 事件,让其开始执行
}
```

process_start 所干的工作就是先把将要执行的进程加入到进程队列 process_list 的首部,如果这个进程已经在 process_list 中,就 return;接下来就把 state 设置为 PROCESS_STATE _RUNNING 并且初始化 pt。最后通过函数 process_post_synch() 执行这个进程,并给这个进程传递一个 PROCESS_EVENT_INIT(事件),下面看看 process_post_synch()这个函数的定义。

```
void
process_post_synch(struct process * p, process_event_t ev, process_data_t data)
//process_post_synch()直接调用 call_process(),期间需要保存 process_corrent,这是因为
//当调用 call_process 执行这个进程 p 时,process_current 就会指向当前进程 p,而进程 p 可
//能会退出或者被挂起等待一个事件
{
    struct process * caller = process_current;    //相当于 PUSH,保存现场 process_current
    call_process(p, ev, data);
    process_current = caller;process_current = caller;  //相当于 POP,恢复现场 process_current
}
```

为什么 process_post_synch()中要把 process_current 保存起来呢?process_ current 指向的是一个正在运行的 process,当调用 call_process 执行 hello_world 这个 进程时,process_current 就会指向当前的 process 也就是 hello_world 这个进程,而 hello_world 这个进程可能会退出或者正在被挂起等待一个事件,这时 process_ current = caller 语句正是要恢复先前的那个正在运行的 process。

接下来展开 call_process(),开始真正执行这个 process 了。

```
static void
call_process(struct process * p, process_event_t ev, process_data_t data)//如果进程
//process 的状态为 PROCESS_STATE_RUNNING,并且进程中的 thread 函数指针(相当于该进程的
//主函数)不为空的话,就执行该进程。如果返回值表示退出、结尾或者遇到 PROCESS_EVENT_EXIT,
//进程退出,否则进程被挂起,等待事件。
{
    int ret;
# if DEBUG
    if(p->state == PROCESS_STATE_CALLED) {
        printf("process: process '%s' called again with event %d\n", PROCESS_NAME_STRING
(p), ev);
    }
```

```
#endif /* DEBUG */

  if((p->state & PROCESS_STATE_RUNNING) &&
    p->thread != NULL) {                    ////thread 是函数指针
    PRINTF("process: calling process '%s' with event %d\n", PROCESS_NAME_STRING(p), ev);
    process_current = p;
    p->state = PROCESS_STATE_CALLED;
    ret = p->thread(&p->pt, ev, data);     //才真正执行 PROCESS_THREAD(name, ev,
                                           //data)定义的内容
    if(ret == PT_EXITED ||
       ret == PT_ENDED ||
       ev == PROCESS_EVENT_EXIT) {    ////如果返回值表示退出、结尾或者遇到 PROCESS_
//EVENT_EXIT,进程退出
      exit_process(p, p);
    } else {
      p->state = PROCESS_STATE_RUNNING;    //进程挂起等待事件
    }
  }
}
```

这个函数中才是真正执行了 hello_world_process 的内容。假如进程 process 的状态是 PROCESS_STATE_RUNNING 以及进程中的 thread 函数不为空,就执行这个进程。

首先把 process_current 指向 p,接着把 process 的 state 改为 PROCESS_STATE_CALLED,执行 hello_world 这个进程的 body 也就是函数 p-> thread,并将返回值保存在 ret 中,如果返回值表示退出或者遇到了 PROCESS_EVENT_EXIT 事件后,便执行 exit_process()函数,process 退出。不然程序就应该在挂起等待事件的状态,那么就继续把 p 的状态维持为 PROCESS_STATE_RUNNING。

3. 登录 Cygwin

打开 Cygwin 开发环境,登录进去。进入复制的 contiki-2.5 目录下,如图 5.8 所示。

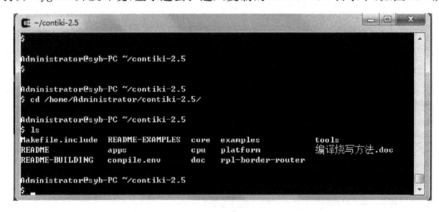

图 5.8　登录界面

4. 设置 IAR 编译器环境变量

Cygwin 开发环境使用前面安装的 IAR EWARM 环境编译工具,因此要在此环境中加入 IAR 工具的安装路径,才可以使用相关编译工具对源码工程进行编译和下载。执行. compile. env 命令(注意. 和 compile. env 中间有个空格)即可完成环境的设置,如图 5.9 所示。

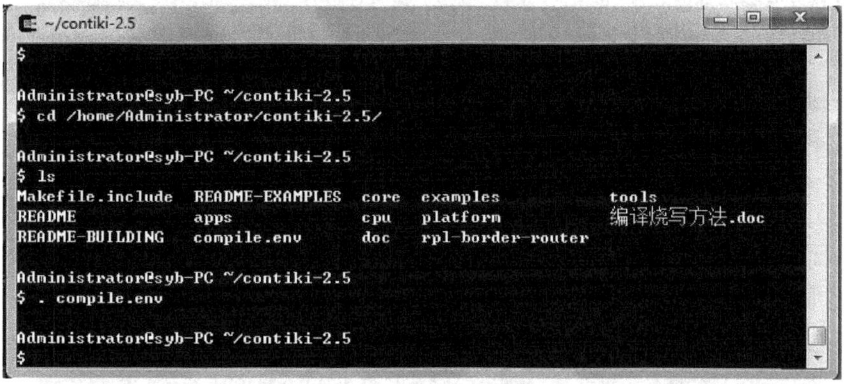

图 5.9 IAR 编译器环境

其中,compile. env 文件的内容为:export PATH=/cygdrive/c/Program/Files/IAR/Systems/Embedded/Workbench/5. 4/Evaluation/arm/bin:$ PATH(其中,/cygdrive/引用 Windows 各个盘的路径)。注意:具体变量用户可以根据自己环境中的 IAR 安装路径进行修改。

使用 vi 编辑 cpu/stm32w108/Makefile. stm32w108 文件,根据 IAR 实际的安装路径进行修改,如图 5.10 所示。

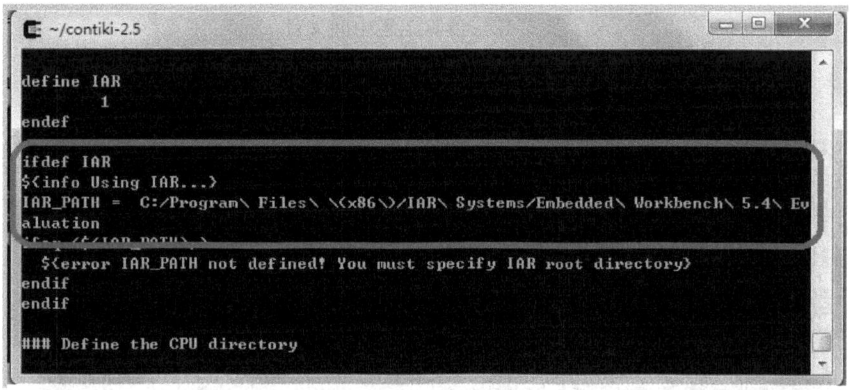

图 5.10 对 IAR 实际的安装路径进行修改

5. 编译 hello-world 程序

进入 contiki-2.5 目录下的 examples/hello-world 目录下,如图 5.11 所示。

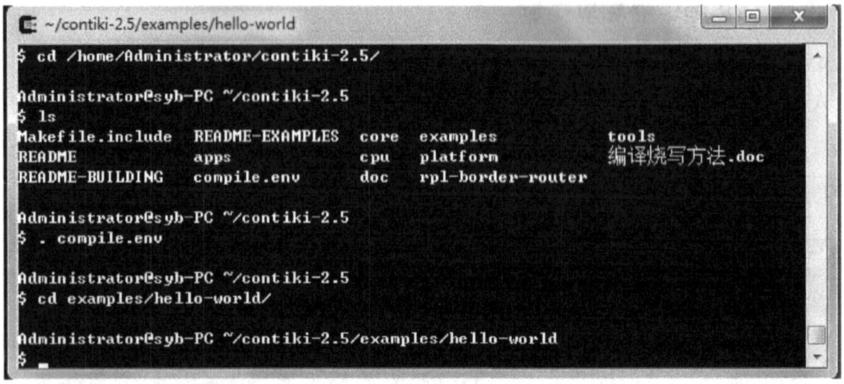

图 5.11 examples/hello-world 目录

执行 make TARGET＝mb851 clean（TARGET＝mb851 指定针对的平台），清除工程中间文件,如图 5.12 所示。

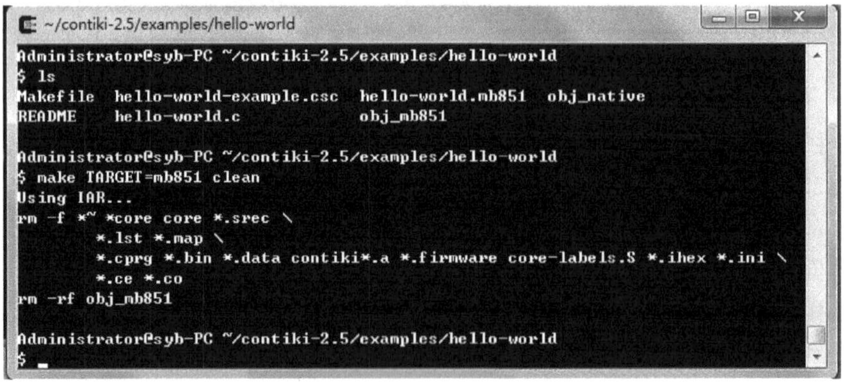

图 5.12 清除工程中间文件

执行 make TARGET＝mb851 命令进行编译,如图 5.13 所示。

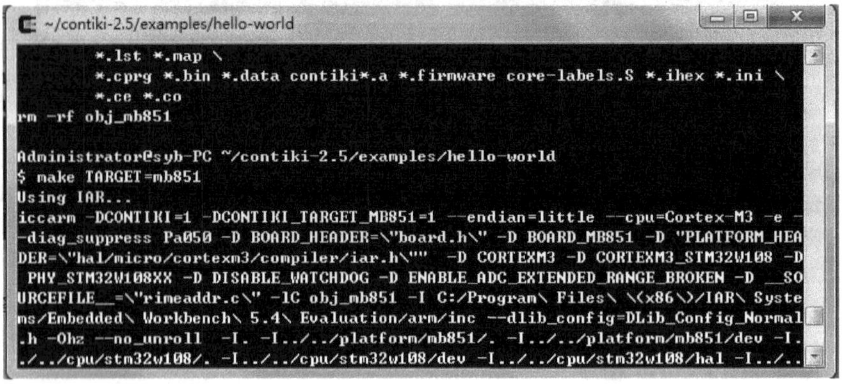

图 5.13 编译

注意，一般编译前，需要 clean 以下工程，使用 make TARGET=mb851 clean 命令。若编程出错，可执行如下命令删除中间文件后，重新编译。

```
rm *.d
```

6. 通信测试

开启设备电源，使用 J-Link 仿真器连接 IPv6 模块，通过平台的"＋"、"－"按键选择目标模块，建议选择平台上 IPv6 根节点进行编程，因为其可以使用平台主板上的 RS-232 串口。之后即可在 Cygwin 环境下烧写下载程序。

烧写之前，要先 clean，如图 5.14 所示。

图 5.14　Clean

然后运行 make TARGET=mb851 hello-world.flash 命令进行烧写，如图 5.15 所示。

图 5.15　运行 make TARGET=mb851 hello-world.flash 命令进行烧写

烧写完成将提示如图 5.16 所示信息。

上述烧写过程将自动调用 IAR 相关工具完成。

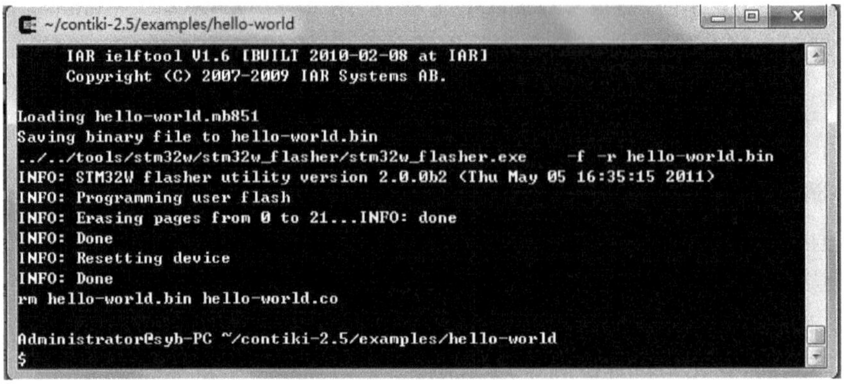

图 5.16　烧写完成提示

7. 通过串口查看打印信息

使用串口连接 IPv6 模块,也可以使用平台上 IPv6 根节点的串口拨码跳线(0001)连接底板的 Debug UART 串口。

在计算机端打开串口终端软件,正确设置,波特率 115 200,无校验,8 数据位,1 位停止位,无硬件流,即可查看到 IPv6 模块运行打印的信息,如图 5.17 所示。

图 5.17　IPv6 模块运行打印的信息

5.4.2　任务 2:基于 RPL 的点对点通信

利用 STM32 处理器 Contiki 系统下 IPv6 协议 UDP 编程,编程实现基于 RPL 的 IPv6 根节点与 IPv6 节点的点到点通信。

1. 源码实现

udp-server.c 本项目采用 IPv6 根节点作为服务器,其主要代码如下。

```
#define UIP_IP_BUF    ((struct uip_ip_hdr * )&uip_buf[UIP_LLH_LEN])
#define UIP_IP_BUF    ((struct uip_ip_hdr * )&uip_buf[UIP_LLH_LEN])
#define UDP_CLIENT_PORT   8765                  /* 定义客户端通信端口号 */
#define UDP_SERVER_PORT   5678                  /* 定义服务器端通信端口号 */
#define UDP_EXAMPLE_ID 190
static struct uip_udp_conn * server_conn;
PROCESS(udp_server_process, "UDP server process"); /* 定义进程 */
AUTOSTART_PROCESSES(&udp_server_process);           /* 进程自启动 */
/* ---------------------------------------------------------------- */
static void
tcpip_handler(void)                              /* 解析协议数据包处理函数 */
{
  char * appdata;
  if(uip_newdata()) {                //uip_newdata()为真,即远程连接的主机有发送新数据。
    leds_on(LEDS_GREEN);
    clock_delay(8000);
    leds_off(LEDS_GREEN);
    appdata = (char * )uip_appdata;
    appdata[uip_datalen()] = 0;
    PRINTF("DATA recv '% s' from ", appdata);
    PRINTF("% d",
           UIP_IP_BUF -> srcipaddr.u8[sizeof(UIP_IP_BUF -> srcipaddr.u8) - 1]);
    PRINTF("\n\r");
#if SERVER_REPLY//并未定义
    PRINTF("DATA sending reply\n");
    uip_ipaddr_copy(&server_conn -> ripaddr, &UIP_IP_BUF -> srcipaddr);
    uip_udp_packet_send(server_conn, "Reply", sizeof("Reply"));
    uip_create_unspecified(&server_conn -> ripaddr);
#endif
  }
}
/* ---------------------------------------------------------------- */
static void
print_local_addresses(void)
{
  int i;
  uint8_t state;

  PRINTF("\r\nServer IPv6 addresses: ");
  for(i = 0; i < UIP_DS6_ADDR_NB; i++) {
    state = uip_ds6_if.addr_list[i].state;
    if(state == ADDR_TENTATIVE || state == ADDR_PREFERRED) {
      PRINT6ADDR(&uip_ds6_if.addr_list[i].ipaddr);
      PRINTF("\n\r");
```

```
        /* hack to make address "final" */
        if (state == ADDR_TENTATIVE) {
    uip_ds6_if.addr_list[i].state = ADDR_PREFERRED;
        }
      }
    }
}
/* ------------------------------------------------------------ */
PROCESS_THREAD(udp_server_process, ev, data)
{
  uip_ipaddr_t ipaddr;
  struct uip_ds6_addr * root_if;
  PROCESS_BEGIN();                          /* 进程开启 */
  PROCESS_PAUSE();                          /* 进程阻塞 */
  SENSORS_ACTIVATE(button_sensor);          /* 进程激活 */
  PRINTF("\n\rUDP server started\n");

# if UIP_CONF_ROUTER                        //是否定义 RPL
/* The choice of server address determines its 6LoPAN header compression.
 * Obviously the choice made here must also be selected in udp-client.c.
 *
 * For correct Wireshark decoding using a sniffer, add the /64 prefix to the 6LowPAN
protocol preferences,
 * e.g. set Context 0 to aaaa::. At present Wireshark copies Context/128 and then
overwrites it.
 * (Setting Context 0 to aaaa::1111:2222:3333:4444 will report a 16 bit compressed
address of aaaa::1111:22ff:fe33:xxxx)
 * Note Wireshark's IPCMV6 checksum verification depends on the correct uncompressed
addresses.
 */

# if 0
/* Mode 1 - 64 bits inline */
    uip_ip6addr(&ipaddr, 0xaaaa, 0, 0, 0, 0, 0, 0, 1);
# elif 1
/* Mode 2 - 16 bits inline */
  /* 设置 IPv6 地址 */
  uip_ip6addr(&ipaddr, 0xaaaa, 0, 0, 0, 0, 0x00ff, 0xfe00, 1);
# else
/* Mode 3 - derived from link local (MAC) address */
  uip_ip6addr(&ipaddr, 0xaaaa, 0, 0, 0, 0, 0, 0, 0);
  uip_ds6_set_addr_iid(&ipaddr, &uip_lladdr);
# endif

  uip_ds6_addr_add(&ipaddr, 0, ADDR_MANUAL);
  root_if = uip_ds6_addr_lookup(&ipaddr);        //检查回路
  if(root_if != NULL) {
```

```
    rpl_dag_t * dag;
    rpl_set_root((uip_ip6addr_t * )&ipaddr);          //设置 DAG root 为 ipaddr
    dag = rpl_get_dag(RPL_ANY_INSTANCE);              //获得 RPL_ANY_INSTANCE 标识的 DAG
    uip_ip6addr(&ipaddr, 0xaaaa, 0, 0, 0, 0, 0, 0, 0);
    rpl_set_prefix(dag, &ipaddr, 64);                 //设置 DIO 消息的 DODAGID
    PRINTF("\r\ncreated a new RPL dag\n");
  } else {
    PRINTF("failed to create a new RPL DAG\n");
  }
# endif                                               /* UIP_CONF_ROUTER */

  print_local_addresses();                            /* 打印地址信息 */

  /* The data sink runs with a 100 % duty cycle in order to ensure high
     packet reception rates. */
  NETSTACK_MAC.off(1);
/* UDP 服务建立 */
  server_conn = udp_new(NULL, UIP_HTONS(UDP_CLIENT_PORT), NULL);
  udp_bind(server_conn, UIP_HTONS(UDP_SERVER_PORT));

  PRINTF("\r\nCreated a server connection with remote address ");
  PRINT6ADDR(&server_conn - > ripaddr);
  PRINTF(" local/remote port % u/ % u\n", UIP_HTONS(server_conn - > lport),
         UIP_HTONS(server_conn - > rport));

  while(1) {                                          /* 处理 UDP 数据包 */
    PROCESS_YIELD();
    if(ev == tcpip_event) {
      tcpip_handler();
    } else if (ev == sensors_event && data == &button_sensor) {
      PRINTF("Initiaing global repair\n");
      rpl_repair_dag(rpl_get_dag(RPL_ANY_INSTANCE));
    }
  }

  PROCESS_END();                                      /* 进程结束 */
}
```

udp-client. c 本项目采用 IPv6 节点作为客户端,其主要代码如下。

```
# define UDP_CLIENT_PORT 8765
# define UDP_SERVER_PORT 5678
# define UDP_EXAMPLE_ID 190
# define DEBUG DEBUG_PRINT
# include "net/uip - debug. h"
# ifndef PERIOD
# define PERIOD 60                                    //周期
```

```
# endif
# define START_INTERVAL           (15 * CLOCK_SECOND)
# define SEND_INTERVAL            (PERIOD * CLOCK_SECOND)
# define SEND_TIME                (random_rand() % (SEND_INTERVAL))
# define MAX_PAYLOAD_LEN          30

static struct uip_udp_conn * client_conn;            //UDP 连接结构体
static uip_ipaddr_t server_ipaddr;     //地址结构,根据定义的 UIP_CONF_IPV6 来进行 IPv4
                                       //或 IPv6 地址的区分

/* ------------------------------------------------------------------ */
PROCESS(udp_client_process, "UDP client process");   //定义 udp_client_process 进程
AUTOSTART_PROCESSES(&udp_client_process);            //加入到上电自启动列表中
/* ------------------------------------------------------------------ */
static void
tcpip_handler(void)
{
  char * str;

  if(uip_newdata()) {
    str = uip_appdata;
    str[uip_datalen()] = '\0';
    printf("DATA recv '% s'\n\r", str);
  }
}
/* ------------------------------------------------------------------ */
static void
send_packet(void * ptr)
{
  static int seq_id;
  char buf[MAX_PAYLOAD_LEN];

  seq_id++;
  PRINTF("\r\nDATA send to % d 'Hello % d'\n",
         server_ipaddr.u8[sizeof(server_ipaddr.u8) - 1], seq_id);
  sprintf(buf, "Hello % d from the client", seq_id);
  uip_udp_packet_sendto(client_conn, buf, strlen(buf),
                        &server_ipaddr, UIP_HTONS(UDP_SERVER_PORT));
}
/* ------------------------------------------------------------------ */
static void
print_local_addresses(void)
{
  int i;
  uint8_t state;

  PRINTF("\r\nClient IPv6 addresses: ");
```

```
    for(i = 0; i < UIP_DS6_ADDR_NB; i++) {
      state = uip_ds6_if.addr_list[i].state;
      if(uip_ds6_if.addr_list[i].isused &&
         (state == ADDR_TENTATIVE || state == ADDR_PREFERRED)) {
        PRINT6ADDR(&uip_ds6_if.addr_list[i].ipaddr);
        PRINTF("\n\r");
        /* hack to make address "final" */
        if (state == ADDR_TENTATIVE) {
      uip_ds6_if.addr_list[i].state = ADDR_PREFERRED;
        }
      }
    }
}
/* ------------------------------------------------------------- */
static void
set_global_address(void)
{
  uip_ipaddr_t ipaddr;

  uip_ip6addr(&ipaddr, 0xaaaa, 0, 0, 0, 0, 0, 0, 0);
  uip_ds6_set_addr_iid(&ipaddr, &uip_lladdr);
  uip_ds6_addr_add(&ipaddr, 0, ADDR_AUTOCONF);

/* The choice of server address determines its 6LoPAN header compression.
 * (Our address will be compressed Mode 3 since it is derived from our link - local
address)
 * Obviously the choice made here must also be selected in udp - server.c.
 *
 * For correct Wireshark decoding using a sniffer, add the /64 prefix to the 6LowPAN
protocol preferences,
 * e.g. set Context 0 to aaaa::. At present Wireshark copies Context/128 and then
overwrites it.
 * (Setting Context 0 to aaaa::1111:2222:3333:4444 will report a 16 bit compressed
address of aaaa::1111:22ff:fe33:xxxx)
 *
 * Note the IPCMV6 checksum verification depends on the correct uncompressed addresses.
 */

# if 0
/* Mode 1 - 64 bits inline */
   uip_ip6addr(&server_ipaddr, 0xaaaa, 0, 0, 0, 0, 0, 0, 1);
# elif 1
/* Mode 2 - 16 bits inline */
  uip_ip6addr(&server_ipaddr, 0xaaaa, 0, 0, 0, 0, 0x00ff, 0xfe00, 1);
# else
/* Mode 3 - derived from server link - local (MAC) address */
  uip_ip6addr(&server_ipaddr, 0xaaaa, 0, 0, 0, 0x0250, 0xc2ff, 0xfea8, 0xcd1a);
                                                        //redbee - econotag
```

```
# endif
}
/* ------------------------------------------------------------- */
PROCESS_THREAD(udp_client_process, ev, data)
{
  static struct etimer periodic;
  static struct ctimer backoff_timer;
  PROCESS_BEGIN();                              /* 进程开启 */
  PROCESS_PAUSE();                              /* 进程阻塞 */
  set_global_address();
  PRINTF("\r\nUDP client process started\n");
  print_local_addresses();
/* UDP 服务建立 */
  /* new connection with remote host */
  client_conn = udp_new(NULL, UIP_HTONS(UDP_SERVER_PORT), NULL);
  udp_bind(client_conn, UIP_HTONS(UDP_CLIENT_PORT));
  PRINTF("\r\nCreated a connection with the server ");
  PRINT6ADDR(&client_conn->ripaddr);
  PRINTF(" local/remote port %u/%u\n",
   UIP_HTONS(client_conn->lport), UIP_HTONS(client_conn->rport));

  etimer_set(&periodic, SEND_INTERVAL);         //定义定时器
  while(1) {                                    /* 处理 UDP 数据包 */
    PROCESS_YIELD();
    if(ev == tcpip_event) {
      tcpip_handler();
    }

    if(etimer_expired(&periodic)) {
      etimer_reset(&periodic);                  //定时器复位
      ctimer_set(&backoff_timer, SEND_TIME, send_packet, NULL);   //定义回调定时器,
//该定时器是驱动某一个回调函数的。有一点需要注意的是,ctimer 实际是要靠 etimer 来驱
//动的。因为它本身就是一个进程
    }
  }

  PROCESS_END();
}
```

2. 编译程序

进入 contiki-2.5 目录下将 examples/ipv6 目录下的 03_p2p 文件夹复制至此目录下,并进入该目录,如图 5.18 所示。

执行 make TARGET=mb851 clean(TARGET=mb851 指定针对的平台),清除工程中间文件,如图 5.19 所示。

执行 make TARGET=mb851 命令进行编译,如图 5.20 所示。

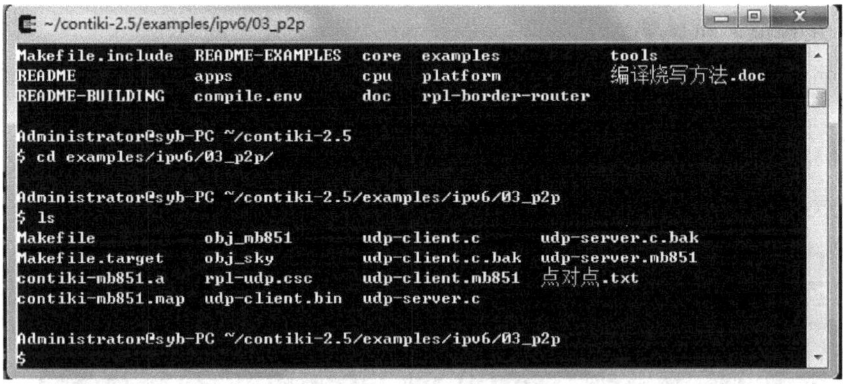

图 5.18 examples 目录

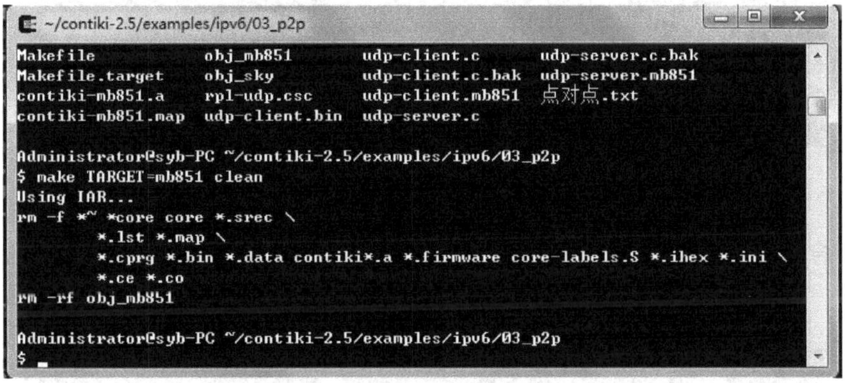

图 5.19 清除工程中间文件

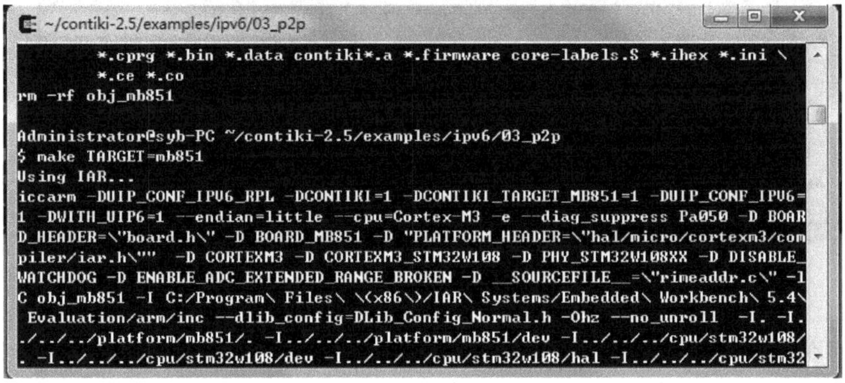

图 5.20 编译

注意,一般编译前,需要 clean 工程,使用 make TARGET＝mb851 clean 命令。
若编程出错,可执行如下命令删除中间文件后,重新编译。

```
rm *.d
```

3. 下载服务器程序

开启实验设备电源，使用 J-Link 仿真器连接 IPv6 模块，通过平台的"＋"、"－"按键选择目标模块，建议选择平台上 IPv6 根节点进行编程，因为其可以使用平台主板上的 RS-232 串口。之后即可在 Cygwin 环境下烧写下载程序。

烧写之前，要先 clean，如图 5.21 所示。

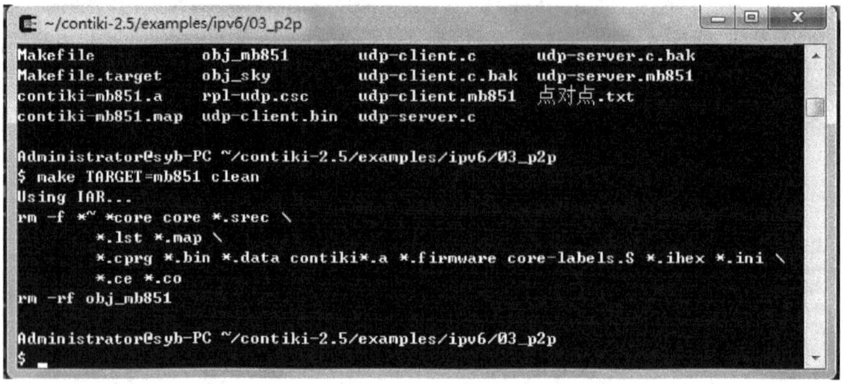

图 5.21　clean

然后运行 make TARGET＝mb851 udp-server.flash 命令进行烧写，如图 5.22 所示。

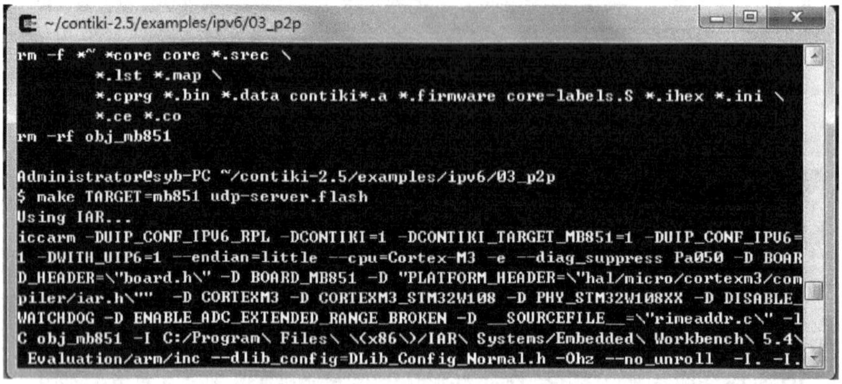

图 5.22　运行 make TARGET＝mb851 udp-server.flash 命令进行烧写

烧写完成将提示如下信息，如图 5.23 所示。

上述烧写过程将自动调用 IAR 相关工具完成。烧写完毕，串口拨码跳线(0001)连接底板的 Debug UART 串口。

在计算机端打开串口终端软件，正确设置，波特率 115 200，无校验，8 数据位，1 位停止位，无硬件流，即可查看到 IPv6 模块运行打印的信息(IPv6 模块重新上电)，如图 5.24 所示。

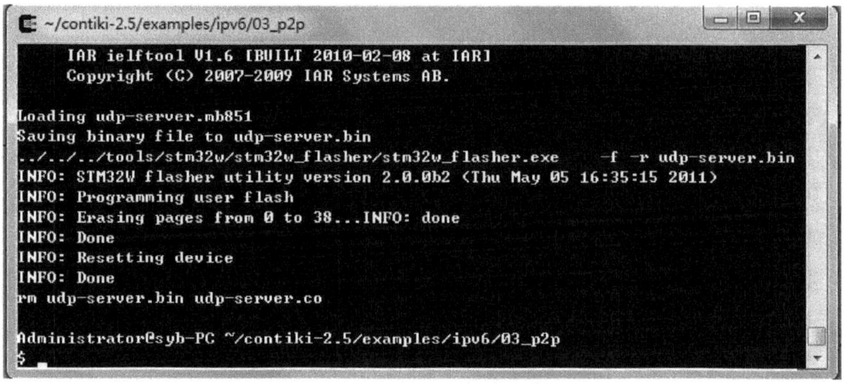

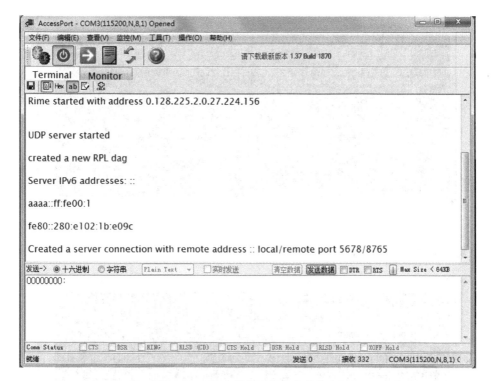

图 5.23　烧写完成提示

图 5.24　IPv6 模块运行打印的信息

4. 下载客户端程序

使用 J-Link 仿真器连接任意一个 IPv6 节点,通过平台的"＋"、"－"按键选择目标模块,之后即可在 Cygwin 环境下烧写下载程序。

烧写之前,要先 clean,如图 5.25 所示。

然后运行 make TARGET＝mb851 udp-client. flash 命令进行烧写,如图 5.26所示。

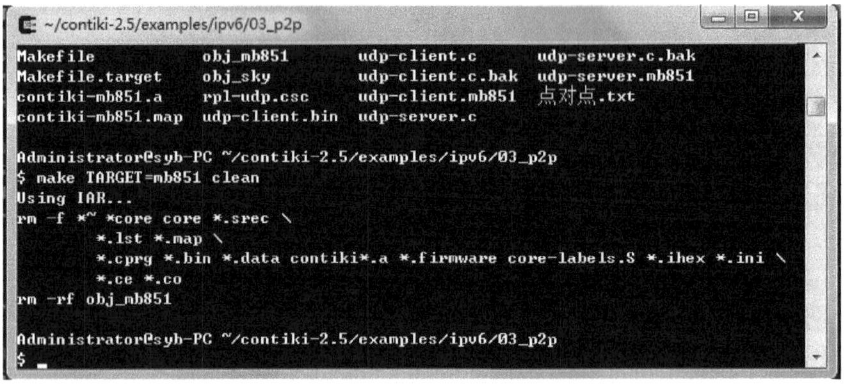

图 5.25　clean

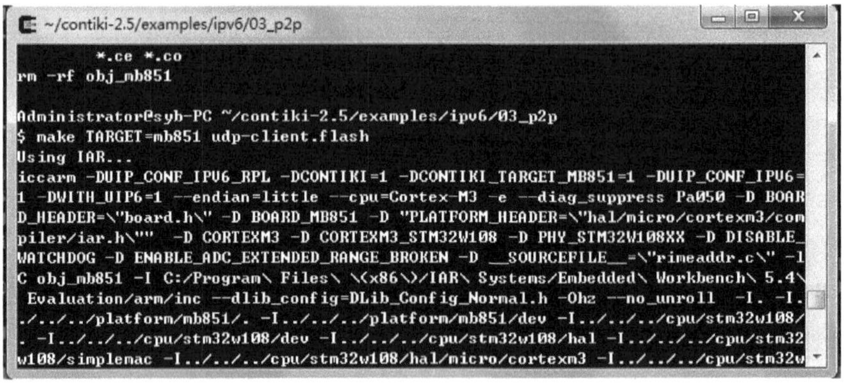

图 5.26　make TARGET=mb851 udp-client. flash 命令

烧写完成将提示如下信息,如图 5.27 所示。

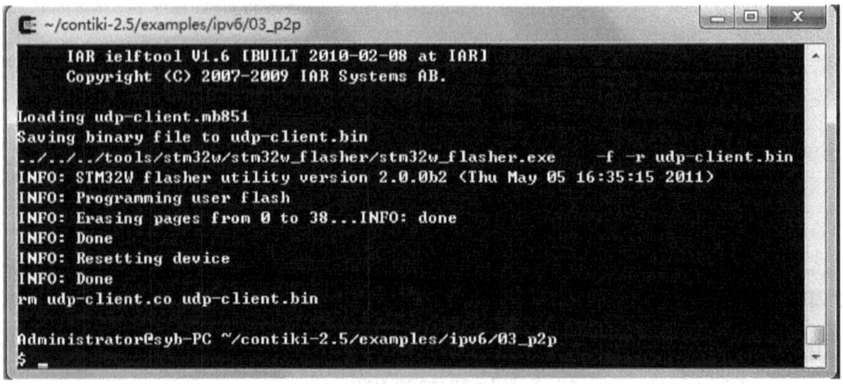

图 5.27　烧写完成提示

上述烧写过程将自动调用 IAR 相关工具完成。

5. 通过服务器端串口查看两个节点通信信息

在 IPv6 根节点(服务器程序)连接的串口上,可以看到由节点客户端发送过来的数据包,如图 5.28 所示。

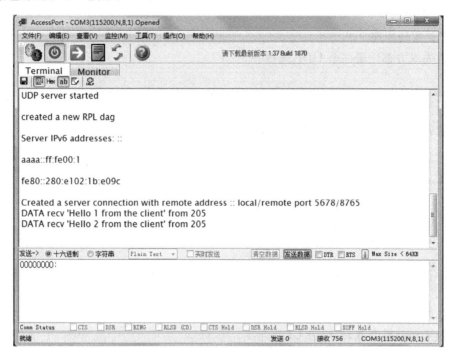

图 5.28　节点客户端发送过来的数据包

5.4.3　任务 3:基于 IPv6 模块的单播与多播通信

IPv6 地址为接口和接口组指定了 128 位的标识符。有以下三种地址类型。

单播:一个单接口有一个标识符。发送给一个单播地址的包传递到由该地址标识的接口上。

任意点播:一般属于不同节点的一组接口有一个标识符。发送给一个任意点播地址的包传送到该地址标识的、根据选路协议距离度量最近的一个接口上。

多播:一般属于不同节点的一组接口有一个标识符。发送给一个多播地址的包传递到该地址所标识的所有接口上。

在 IPv6 中没有广播地址,它的功能正在被多播地址所代替。在本文中,地址内的字段给予一个规定的名字,例如"用户"。当名字后加上标识符一起使用(如"用户 ID")时,则用来表示名字字段的内容。当名字和前缀一起使用时(如"用户前缀")则表示一直到包括本字段在内的全部地址。在 IPv6 中,任何全"0"和全"1"的字段都是合法值,除非特殊的排除在外。特别是前缀可以包含"0"值字段或以"0"为终结。

下面利用 STM32 处理器和 VMware Workstation ＋RHEL6 ＋ MiniCom/超级终端,Cygwin ＋IAR EWARM,Contiki OS,串口终端实现 Contiki 系统下单播与组播。

1. 单播项目

(1) 实现原理

首先双方都注册一个 UDP 连接。

```
simple_udp_register(&unicast_connection, UDP_PORT, NULL, UDP_PORT, receiver);
```

接收数据使用了自身的回调函数 receiver,定义如下。

```
static void
receiver(struct simple_udp_connection * c,
        const uip_ipaddr_t * sender_addr,
        uint16_t sender_port,
        const uip_ipaddr_t * receiver_addr,
        uint16_t receiver_port,
        const uint8_t * data,
        uint16_t datalen)
```

数据就在 data 中。

多播和单播类似,先注册 UDP 连接。

```
simple_udp_register(&broadcast_connection, UDP_PORT,NULL, UDP_PORT,receiver);
```

然后设置一个广播地址:

```
uip_create_linklocal_allnodes_mcast(&addr);
```

再用 simple_udp_sendto()发送,例如:

```
simple_udp_sendto(&broadcast_connection, "Test", 4, &addr);
```

接收数据还是在:

```
static void
receiver(struct simple_udp_connection * c,
        const uip_ipaddr_t * sender_addr,
        uint16_t sender_port,
        const uip_ipaddr_t * receiver_addr,
        uint16_t receiver_port,
        const uint8_t * data,
        uint16_t datalen)
```

uip_create_linklocal_allnodes_mcast(&addr)为：

```
/** \brief set IP address a to the link local all-nodes multicast address */
                                    //链路本地范围内所有节点组播地址
#define uip_create_linklocal_allnodes_mcast(a) uip_ip6addr(a, 0xff02, 0, 0, 0, 0, 0,
0, 0x0001)
/** \brief set IP address a to the link local all-routers multicast address */
                                    //链路本地范围内所有路由组播地址
#define uip_create_linklocal_allrouters_mcast(a) uip_ip6addr(a, 0xff02, 0, 0, 0, 0,
0, 0, 0x0002)
```

（2）登录 Cygwin。

打开 Cygwin 开发环境，登录进去。进入 contiki-2.5 目录，如图 5.29 所示。

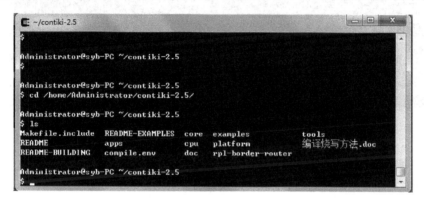

图 5.29　examples 目录

（3）设置 IAR 编译器环境变量。

Cygwin 开发环境使用前面安装的 IAR EWARM 环境编译工具，因此要在此环境中加入 IAR 工具的安装路径，才可以使用相关编译工具对源码工程进行编译和下载。

执行. compile. env 命令（注意. 和 compile. env 中间有个空格）即可完成环境的设置，如图 5.30 所示。

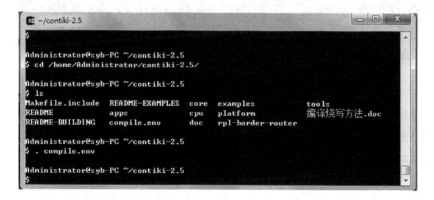

图 5.30　编译

其中,compile. env 文件的内容为：export PATH＝/cygdrive/c/Program/Files/IAR/Systems/Embedded/Workbench/5. 4/Evaluation/arm/bin：$ PATH(其中,/cygdrive/引用 Windows 各个盘的路径)。注意：具体变量用户可以根据自己环境中的 IAR 安装路径进行修改。

使用 vi 编辑 cpu/stm32w108/Makefile. stm32w108 文件,根据 IAR 实际的安装路径进行修改(如果之前已经修改则不用修改),如图 5.31 所示。

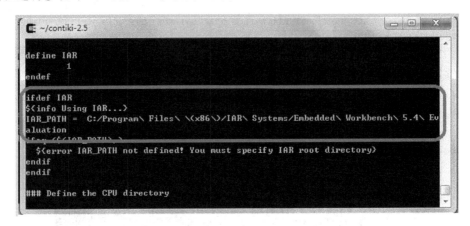

图 5.31　安装路径进行修改

(4) 编译程序进入 contiki-2. 5 目录下的 examples/ipv6 目录下,将 04_unicast_broadcast 文件夹复制至此目录下,并进入该目录,如图 5.32 所示。

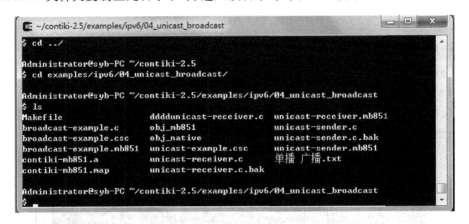

图 5.32　examples/04_unicast_broadcast 目录

执行 make TARGET＝mb851 clean(TARGET＝mb851 指定针对的平台),清除工程中间文件,如图 5.33 所示。

执行 make TARGET＝mb851 命令进行编译,如图 5.34 所示。

注意,一般编译前,需要 clean 一下工程,使用 make TARGET＝mb851 clean 命令。若编程出错,可执行 make TARGET＝mb851 clean 命令删除中间文件后,重新编译。

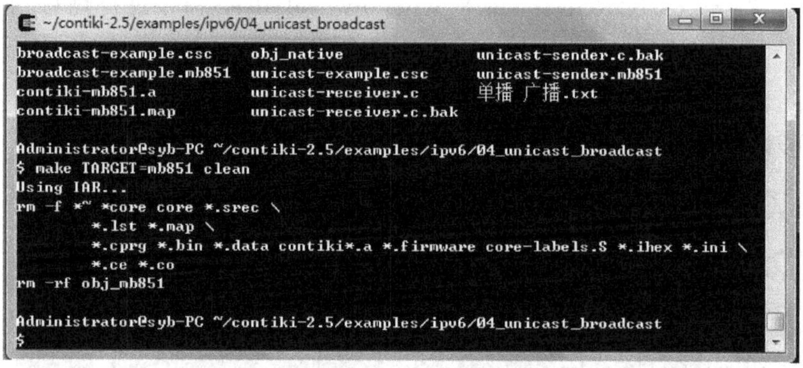

图5.33 清除工程中间文件

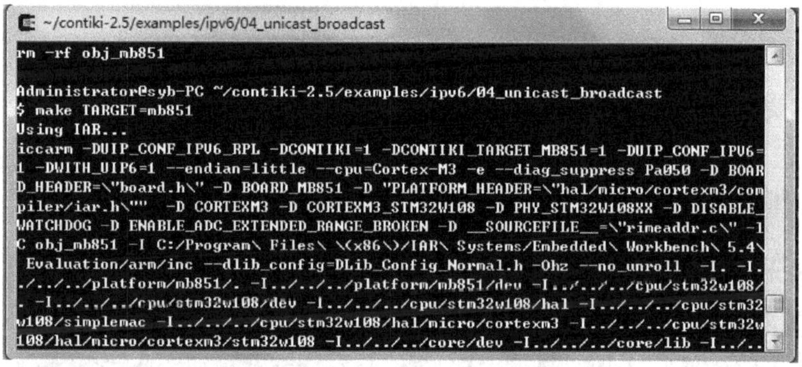

图5.34 编译

（5）下载发送方程序。

开启实验设备电源，使用J-Link仿真器连接IPv6模块，通过平台的"＋"、"－"按键选择目标模块，选择平台上IPv6根节点进行编程，因为其可以使用平台主板上的RS-232串口。之后即可在Cygwin环境下烧写下载程序。

烧写之前，要先clean，如图5.35所示。

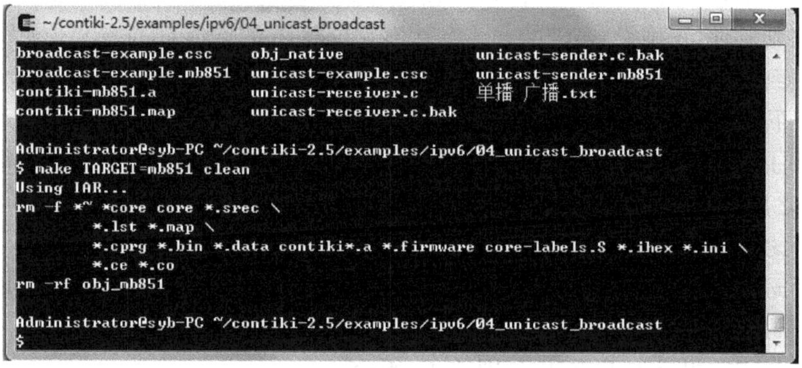

图5.35 clean

然后运行 make TARGET＝mb851 hello-world. flash 命令进行烧写,如图 5.36 所示。

图 5.36　运行 make TARGET＝mb851 hello-world. flash 命令进行烧写

烧写完成将提示如图 5.37 所示信息。

图 5.37　烧写完成提示

上述烧写过程将自动调用 IAR 相关工具完成。

烧写完毕,串口拨码跳线(0001)连接底板的 Debug UART 串口。在计算机端打开串口终端软件,正确设置,波特率 115 200,无校验,8 数据位,1 位停止位,无硬件流,即可查看到 IPv6 模块运行打印的信息(IPv6 模块重新上电),如图 5.38 所示。

(6) 下载客户端程序。

使用 J-Link 仿真器连接任意一个 IPv6 节点,通过平台的"＋"、"－"按键选择目标模块,之后即可在 Cygwin 环境下烧写下载程序。

烧写之前,要先 clean,如图 5.39 所示。

然后运行 make TARGET＝mb851 udp-client. flash 命令进行烧写,如图 5.40 所示。

烧写完成将提示如下信息,如图 5.41 所示。

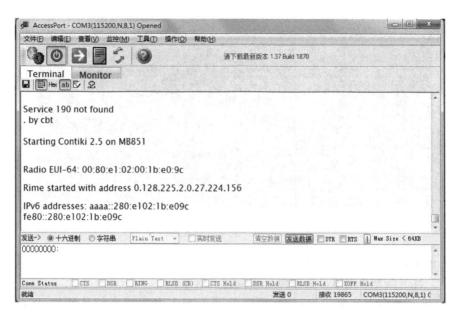

图 5.38　IPv6 模块运行打印的信息

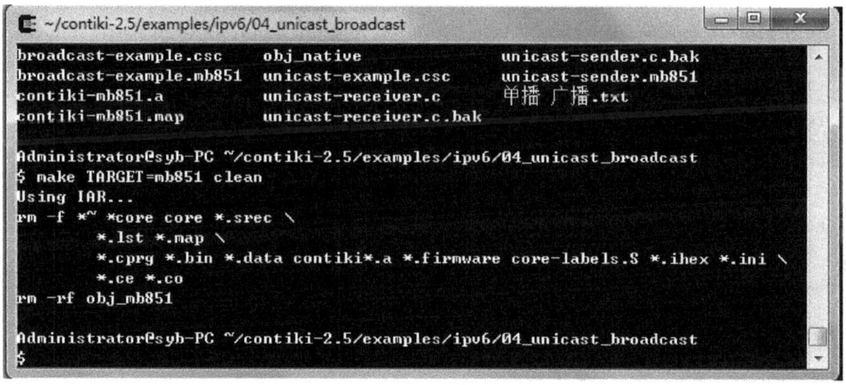

图 5.39　clean

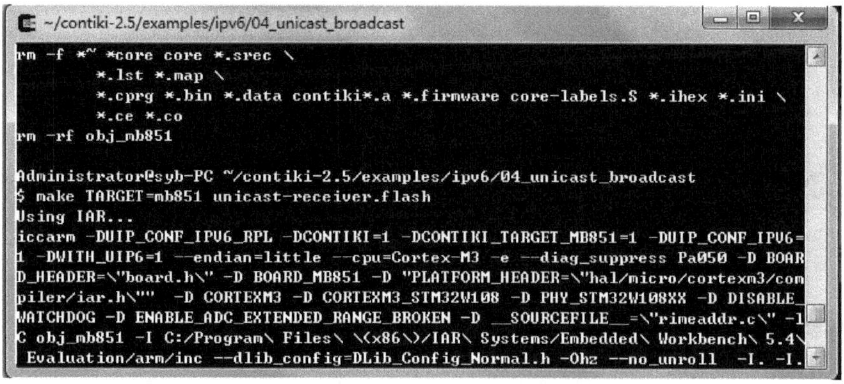

图 5.40　make TARGET＝mb851 udp-client. flash 命令

图 5.41　烧写完成提示

上述烧写过程将自动调用 IAR 相关工具完成。

（7）通过服务器端串口查看两个节点通信信息。

在 IPv6 根节点连接的串口上,可以看到由节点发送过来的数据包,如图 5.42 所示。

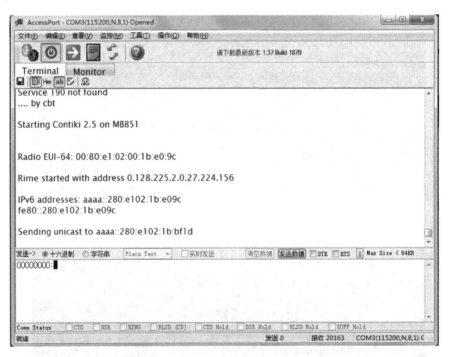

图 5.42　节点客户端发送过来的数据包

2. 多播步骤

1) 下载多播中的节点一

开启设备电源,使用 J-Link 仿真器连接 IPv6 模块,通过平台的"＋"、"－"按键选

择目标模块,选择平台上 IPv6 根节点进行编程,因为其可以使用平台主板上的
RS-232 串口。之后即可在 Cygwin 环境下烧写下载程序。

烧写之前,要先 clean,如图 5.43 所示。

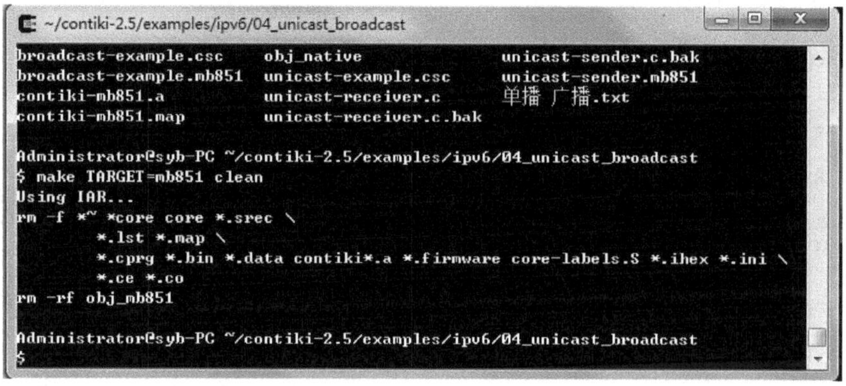

图 5.43 clean

然后运行 make TARGET=mb851 udp-client.flash 命令进行烧写,如图 5.44
所示。

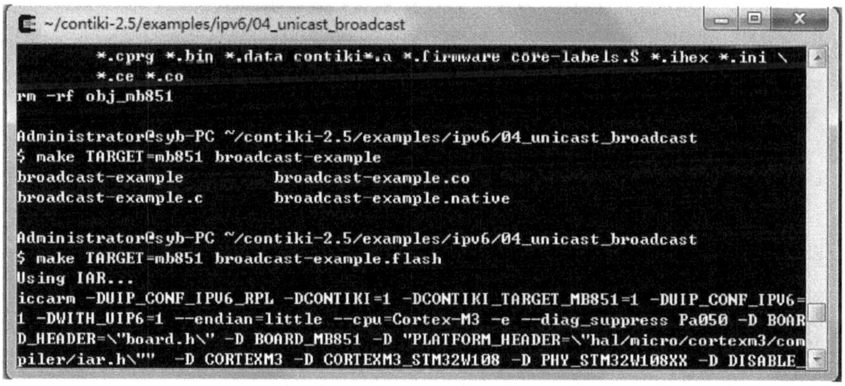

图 5.44 make TARGET=mb851 udp-client.flash 命令

上述烧写过程将自动调用 IAR 相关工具完成。

烧写完毕,串口拨码跳线(0001)连接底板的 Debug UART 串口。

在计算机端打开串口终端软件,正确设置,波特率 115 200,无校验,8 数据位,1 位
停止位,无硬件流,即可查看到 IPv6 模块运行打印的信息(IPv6 模块重新上电),如
图 5.45 所示。

2) 下载多播中的节点二

使用 J-Link 仿真器连接任意一个 IPv6 节点,通过平台的"+"、"−"按键选择目
标模块,之后即可在 Cygwin 环境下烧写下载程序。烧写步骤与"下载多播中的节点
一"完全一致。

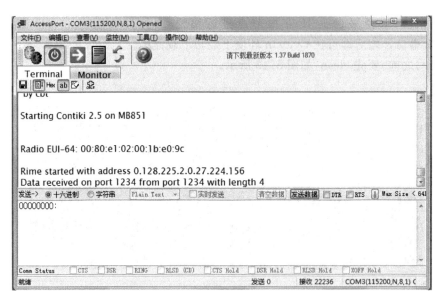

图 5.45　IPv6 模块运行打印的信息

3）测试

两个节点烧写完后即可在一方看到如图 5.46 所示信息。

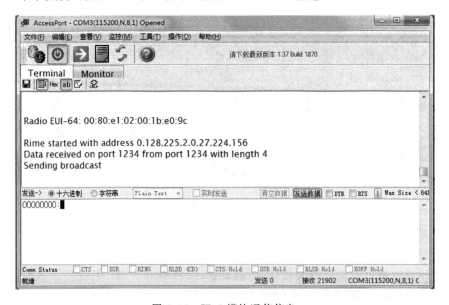

图 5.46　IPv6 模块通信信息

5.4.4　任务4：IPv6 模块与 PC 的 UDP 通信

利用 STM32 处理器编程通过连接 IPv4-IPv6 智能网关,实现 PC 系统（RHEL6）与 IPv6 节点的通信。

1. Linux 系统端 IPv6 编程

通信采用 Socket 的方式,使用 UDP 发送数据。节点和 PC 之间一个作为 Server,另一个作为 Client。Linux 方面的 Socket 编程同 IPv4 类似,区别在于几个数据结构和函数。

地址结构:

```
struct sockaddr_in srv_addr, client_addr;          //IPv4
struct sockaddr_in6 srv_addr, client_addr;         //IPv6
```

创建 Socket:

```
sockfd = socket(PF_INET, SOCK_DGRAM, 0)            //IPv4
 sockfd = socket(PF_INET6, SOCK_DGRAM, 0)          //IPv6
```

填充地址数据结构及 bind:

```
bzero(&srv_addr, sizeof(srv_addr));
    srv_addr.sin_family = PF_INET;                        //IPv4
    srv_addr.sin6_family = PF_INET6;                      //IPv6
    srv_addr.sin_port = htons(srvport);                   //IPv4
    srv_addr.sin6_port = htons(srvport);                  //IPv6

    srv_addr.sin_addr.s_addr = inet_addr(argv[1]); */     //IPv4
    inet_pton(AF_INET6, argv[1], &srv_addr.sin6_addr);    //IPv6
  或者
    srv_addr.sin_addr.s_addr = INADDR_ANY;                //IPv4
     srv_addr.sin6_addr = in6addr_any;                    //IPv6
      if (bind(sockfd, (struct sockaddr * ) &srv_addr, sizeof(struct sockaddr))  //IPv4
     if (bind(sockfd, (struct sockaddr * ) &srv_addr, sizeof(struct sockaddr_in6))
//IPv6

  ...
```

sendto 和 recvfrom 函数同 IPv4 一样,区别是其参数中的地址,这里不再赘述。

2. Contiki 中的 UDP 编程

Contiki 中 Socket 编程:在 Contiki 中,过程如下,首先通过一个函数 udp_new 建立一个 UDP 连接。

```
server_conn = udp_new(NULL, UIP_HTONS(27000), NULL);
```

然后 bind:

```
udp_bind(server_conn, UIP_HTONS(UDP_SERVER_PORT));
```

接收和发送:

Contiki 中接收数据是用事件的机制实现的,当检测有 tcpip_event 事件时,调用 tcpip_handler(),在这个函数里面处理接收到的数据。

```
if(ev == tcpip_event) {
     tcpip_handler();
}
//tcpip_handler 代码如下,收到的数据放在 uip_appdata 指向的区域
static void tcpip_handler(void)
{
  char * appdata;


  //pasing
  if(uip_newdata()) {
appdata = (char * )uip_appdata;
…
}
…
}
```

发送数据:

```
uip_udp_packet_sendto(server_conn, buf, strlen(buf),
                      &server_ipaddr, UIP_HTONS(UDP_SERVER_PORT));
```

其中,参数 server_conn 为 UDP 连接号,server_ipaddr 为要发往的 IPv6 地址。

节点 IPv6 地址构造,使用函数 uip_ip6addr(IPv6 地址为 128 位,16 个字节)。

根据 MAC 构造:

```
uip_ip6addr(&ipaddr, 0xaaaa, 0, 0, 0, 0, 0, 0, 0);
uip_ds6_set_addr_iid(&ipaddr, &uip_lladdr);
uip_ds6_addr_add(&ipaddr, 0, ADDR_AUTOCONF);
```

直接设置:

```
uip_ip6addr(&server_ipaddr, 0x2002, 0xc0a8, 0x64, 0xffff, 0, 0, 0, 1);
```

3. RPL

由于 Sink 节点中 border-router 中已经建立了一个 DAG root,节点之间就可以互相通信。节点程序只需收发数据就行,不需要再建立 DAG root 了。建立 DAG root 代码如下。

```
root_if = uip_ds6_addr_lookup(&ipaddr);
  if(root_if != NULL) {
    rpl_dag_t * dag;
    rpl_set_root((uip_ip6addr_t * )&ipaddr);
    dag = rpl_get_dag(RPL_ANY_INSTANCE);
    uip_ip6addr(&ipaddr, 0xaaaa, 0, 0, 0, 0, 0, 0, 0);
    rpl_set_prefix(dag, &ipaddr, 64);
    PRINTF("created a new RPL dag\n");
  } else {
    PRINTF("failed to create a new RPL DAG\n");
  }
```

默认 IPv4-IPv6 智能网关后台已经开启 RPL 服务了，因此无须用户实现。

4. 关键代码分析

udp-server-node.c 本项目采用 IPv6 节点作为服务器，其主要代码如下。

```
# define UIP_IP_BUF ((struct uip_ip_hdr * )&uip_buf[UIP_LLH_LEN])

# define UDP_CLIENT_PORT 27000                    /* 定义客户端通信端口号 */
# define UDP_SERVER_PORT 5678                     /* 定义服务器端通信端口号 */
# define MAX_PAYLOAD_LEN 120
int i = 0;
static struct uip_udp_conn * server_conn;
static int count = 0;
PROCESS(udp_server_process, "UDP server process");  /* 定义进程 */
AUTOSTART_PROCESSES(&udp_server_process);           /* 进程自启动 */
/* ------------------------------------------------------------ */
static void
tcpip_handler(void)
{
  char * appdata;
  char buf[120];
  static int seq_id;
  /* 解析协议数据包处理函数 */
  //pasing the reque
  if(uip_newdata()) {
    appdata = (char * )uip_appdata;
    appdata[uip_datalen()] = 0;
        seq_id++;
        count++;
        PRINTF("server recvived '% s' from ", appdata);
        PRINTF("% d",
        UIP_IP_BUF - > srcipaddr.u8[sizeof(UIP_IP_BUF - > srcipaddr.u8) - 1]);
        PRINTF("\r\n");
        PRINTF("server sending reply\r\n");
        uip_ipaddr_copy(&server_conn - > ripaddr, &UIP_IP_BUF - > srcipaddr);
```

```
                sprintf(buf, "Get msg_id % d from the server", seq_id);
                uip_udp_packet_send(server_conn, buf, sizeof(buf));
                uip_create_unspecified(&server_conn->ripaddr);
        }
}
/* ------------------------------------------------------------------- */
static void
print_local_addresses(void)
{
    int i;
    uint8_t state;
    PRINTF("Server IPv6 addresses: ");
    for(i = 0; i < UIP_DS6_ADDR_NB; i++) {
        state = uip_ds6_if.addr_list[i].state;
        if(state == ADDR_TENTATIVE || state == ADDR_PREFERRED) {
            PRINT6ADDR(&uip_ds6_if.addr_list[i].ipaddr);
            PRINTF("\r\n");
            /* hack to make address "final" */
            if (state == ADDR_TENTATIVE) {
                            uip_ds6_if.addr_list[i].state = ADDR_PREFERRED;
            }
        }
    }
}
/* ------------------------------------------------------------------- */
PROCESS_THREAD(udp_server_process, ev, data)
{
    uip_ipaddr_t ipaddr;
    struct uip_ds6_addr * root_if;
    PROCESS_BEGIN();                        /* 进程开启 */
    PROCESS_PAUSE();                        /* 进程阻塞 */
    SENSORS_ACTIVATE(button_sensor);       /* 进程激活 */
    PRINTF("\r\nUDP server started\r\n");
    /* 设置 IPv6 地址 */
    uip_ip6addr(&ipaddr, 0xaaaa, 0, 0, 0, 0, 0, 0, 0);
    uip_ds6_set_addr_iid(&ipaddr, &uip_lladdr);
    uip_ds6_addr_add(&ipaddr, 0, ADDR_AUTOCONF);
    /* 打印地址信息 */
    print_local_addresses();
    /* The data sink runs with a 100 % duty cycle in order to ensure high
       packet reception rates. */
    NETSTACK_MAC.off(1);
/* UDP 服务建立 */
    server_conn = udp_new(NULL, UIP_HTONS(27000), NULL);
    udp_bind(server_conn, UIP_HTONS(UDP_SERVER_PORT));
    PRINTF("Created a server connection with remote address ");
    PRINT6ADDR(&server_conn->ripaddr);
```

```
PRINTF(" local/remote port % u/ % u\r\n", UIP_HTONS(server_conn->lport),
       UIP_HTONS(server_conn->rport));
while(1) {                         /*处理 UDP 数据包*/
  PROCESS_YIELD();
  if(ev == tcpip_event) {
    tcpip_handler();
  } else if (ev == sensors_event && data == &button_sensor) {
    PRINTF("Initiaing global repair\r\n");
    rpl_repair_dag(rpl_get_dag(RPL_ANY_INSTANCE));
  }
}

PROCESS_END();                     /*进程结束*/
}
```

pc-client. c PC 的 Linux 系统端客户程序，主要代码如下。

```
# define SERVER_IP "aaaa::280:e102:1b:df7c"      /*定义服务器端 IPv6 节点地址*/
# define PORT 5678
struct packet_data {
      unsigned char packetID;
      unsigned char ReqResCode;
      unsigned char interval;
      char datalength;
      char data[116];
};
int main(int argc, char * argv[]){
        struct sockaddr_in6 srv_addr;
        struct packet_data * newData = (struct packet_data * )malloc(sizeof(struct
packet_data));
        socklen_t addrlen = sizeof(srv_addr) ;
        int sock,retval,bytes_read;
        char buffer[] = "test";
        char recv_data[32];
        int bufflen;
        int len, i;
        fd_set t_set;
        struct timeval tv;
        int n = 0, sum = 0;
        FILE * fs;
        /*设置服务器地址*/
    memset((char * )&srv_addr, 0, sizeof(srv_addr));
    srv_addr.sin6_family = AF_INET6;
    srv_addr.sin6_port = htons(5678);
    if(inet_pton(AF_INET6, SERVER_IP, &srv_addr.sin6_addr)<0) {
```

```
                              perror("inet_pton() failed\n");
                              return -1;
                    }
    //建立 IPv6 套接字
      if((sock = socket(AF_INET6, SOCK_DGRAM, 0))<0){
                    perror("socket error\n");
                    exit(1);
            }
      int flags = fcntl(sock,F_GETFL,0);
      fcntl(sock,F_SETFL,flags | O_NONBLOCK);
      struct sockaddr_in6 client_addr;
/* 初始化客户端 IP 地址 */
        memset((char *)&client_addr, 0, sizeof(client_addr));
        client_addr.sin6_family = AF_INET6;
        client_addr.sin6_port = htons(27000);
        client_addr.sin6_addr = in6addr_any;
        retval = bind(sock,(struct sockaddr *)&client_addr,addrlen);
        if(retval<0){
                printf("bind error");
                return -1;
        }
        printf("here is ok\n");
     /* 循环 100 次发送数据包信息 */
        for(i = 0;i <= 100;i++){
                FD_ZERO(&t_set);
                FD_SET(sock,&t_set);
                sleep(2);
                tv.tv_sec = 0.5;
                tv.tv_usec = 0;
                memset(recv_data,0,sizeof(recv_data));
                len = sendto(sock,buffer,sizeof(buffer),0,(struct sockaddr *)&srv_
addr,addrlen);
                if(len<0)
                printf("errno % d,errno msg % s\n",errno,strerror(errno));
                else
                printf("send success : % s len is: % d\n",buffer,len);
                int ret = select(sock+1,&t_set,NULL,NULL,&tv);
                printf("ret is: % d\n",ret);
                if(ret<0)
                {
                        printf("select error");
                        continue;
                }
                else if(ret>0)
                {
```

```
                              bytes_read = recvfrom(sock,recv_data,sizeof(recv_data),0,
(struct sockaddr * )&srv_addr,&addrlen);
                              if(0 > = bytes_read)
                              {
                                      continue;
                              }
                              else
                              {
                                      sum ++;
                                      printf("recieve: % s\n",recv_data);
                              }
                      }
                      n++;
              }
      return 0;
}
```

5. 登录 Cygwin

打开 Cygwin 开发环境,登录进去。进入 contiki-2.5 目录下,如图 5.47 所示。

图 5.47　examples 目录

6. 设置 IAR 编译器环境变量

Cygwin 开发环境使用前面安装的 IAR EWARM 环境编译工具,因此要在此环境中加入 IAR 工具的安装路径,才可以使用相关编译工具对源码工程进行编译和下载。

执行. compile. env 命令(注意. 和 compile. env 中间有个空格)即可完成环境的设

置,如图 5.48 所示。

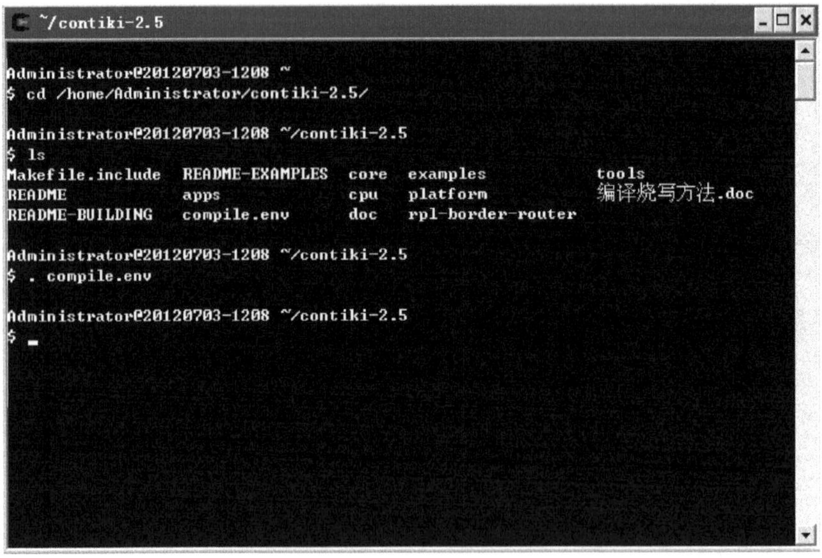

图 5.48 编译

其中,compile. env 文件的内容为: export PATH＝/cygdrive/c/Program/Files/IAR/Systems/Embedded/Workbench/5. 4/Evaluation/arm/bin: $PATH。具体变量用户可以根据自己环境中的 IAR 安装路径进行修改。

7. 编译、下载 udp-server-node 程序

开启实验设备电源,使用 J-Link 仿真器连接 IPv6 模块,通过平台的"选择"按键选择目标模块,建议选择平台上 IPv6 根节点进行编程,因为其可以使用平台主板上的RS-232 串口。

进入 contiki-2. 5 目录下的 examples/ipv6 目录下,将目录 05_pc-node 复制至ipv6 目录下,并进入该目录的 node 目录下,如图 5.49 所示。

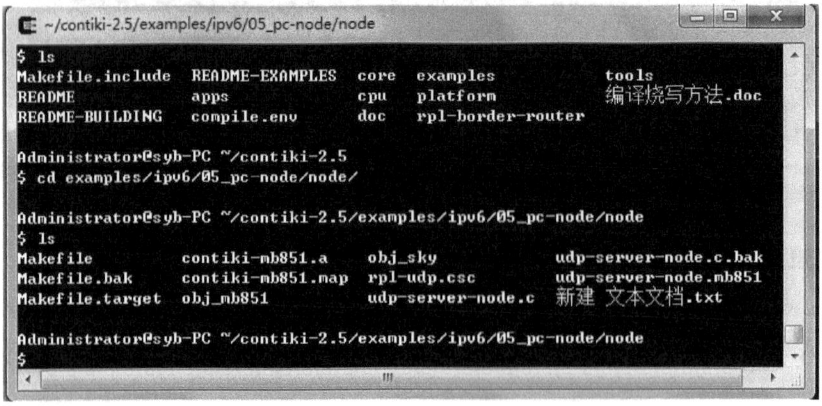

图 5.49 examples/05_pc-node 目录

执行 make TARGET＝mb851 clean 清除工程中间文件，如图 5.50 所示。

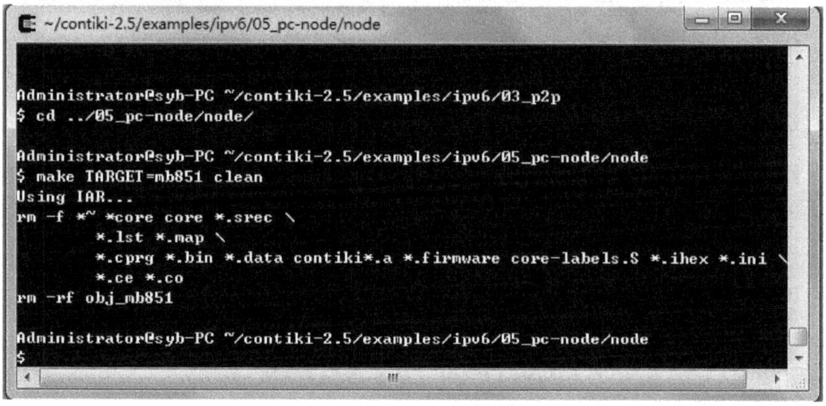

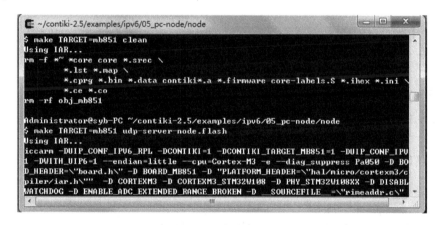

图 5.50　清除工程中间文件

执行 make TARGET＝mb851 udp-server-node.flash 烧写，进行编译，如图 5.51 所示。

图 5.51　编译

上述烧写过程将调用 IAR 相关工具完成。

8. 查看 IPv6 模块运行信息

使用串口连接 IPv6 模块，也可以使用平台上 IPv6 根节点的串口拨码跳线（0001）连接底板的 Debug UART 串口。

在计算机端打开串口终端软件，正确设置，波特率 115 200，无校验，8 数据位，1 位停止位，无硬件流，即可查看到 IPv6 模块运行打印的信息，如图 5.52 所示。

9. 编译 PC RHEL6 系统 Client 程序并运行

进入 RHEL6 系统 05_pc-node/pc 目录下，使用本机编译器编译 client 程序，首先修改源文件中关于服务器 IPv6 地址的定义，根据服务器节点终端打印的具体地址定义，如本次项目节点 IPv6 地址为如图 5.52 所示：aaaa:;280:e102:1b:bdbe。因此将

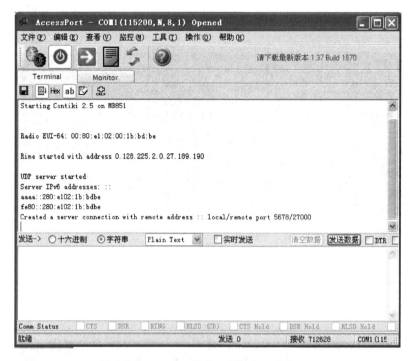

图 5.52 IPv6 模块运行打印的信息

pc-client.c 源文件中的地址修改为：

```
#define SERVER_IP "aaaa::280:e102:1b:bdbe"
```

保存后，开始编译。

```
[root@localhost pc]# ls
pc - client pc - client.c
[root@localhost pc]# gcc - o pc - client pc - client.c
[root@localhost pc]# ls
pc - client pc - client.c
[root@localhost pc]#
```

执行 client 程序，观察通信信息。

```
[root@localhost pc]# ./pc - client
here is ok
send success :test len is:5
ret is:0
send success :test len is:5
ret is:1
recieve:Get msg_id 1 from the server
send success :test len is:5
```

```
ret is:1
recieve:Get msg_id 2 from the server
send success :test len is:5
ret is:1
recieve:Get msg_id 3 from the server
```

服务器节点终端打印接收信息，如图 5.53 所示。

图 5.53　节点客户端发送过来的数据包

5.4.5　任务5：远程显示 IPv6 模块传感器信息

1. 源码实现

节点客户端程序关键代码分析：

```
PROCESS(udp_client_process, "UDP client process");
AUTOSTART_PROCESSES(&udp_client_process);
...
static void
slip_input_do(void)
{
...
    uip_udp_packet_sendto(client_conn, buff, 26,
```

```
                              &server_ipaddr, UIP_HTONS(UDP_SERVER_PORT));
                                                //进行数据包的发送
    rxbuf_init();

}
...
PROCESS_THREAD(udp_client_process, ev, data)
{
  static struct etimer periodic;
  static struct ctimer backoff_timer;
  PROCESS_BEGIN();
  PROCESS_PAUSE();
  set_global_address();
  msg[1] = ipaddr.u8[12];
  msg[2] = ipaddr.u8[13];
  msg[3] = ipaddr.u8[14];
  msg[4] = ipaddr.u8[15];                       //node ipaddr
  uip_ip6addr(&server_ipaddr, 0x2002, 0xc0a8, 0x264, 0xffff, 0, 0, 0, 1);
                                                //2002:c0a8:264:ffff:0:0:0:1
//说明: 此处需要根据自己的 IPv4-IPv6 嵌入式智能网关的 IP 地址进行修改
  //PRINTF("UDP client process started\n");
  print_local_addresses();
  client_conn = udp_new(NULL, UIP_HTONS(UDP_SERVER_PORT), NULL);
  udp_bind(client_conn, UIP_HTONS(UDP_CLIENT_PORT));

  PRINTF("Created a connection with the server ");
  PRINT6ADDR(&client_conn->ripaddr);
  PRINTF(" local/remote port %u/%u\n",
   UIP_HTONS(client_conn->lport), UIP_HTONS(client_conn->rport));
  NETSTACK_MAC.off(1);                          //add by david
  rxbuf_init();
  while(1) {

   PROCESS_YIELD();
   if(ev == tcpip_event){
   tcpip_handler();
   }

   if(ev == PROCESS_EVENT_POLL)
   {
        slip_active = 1;
        slip_input_do();                        //对 SLIP 获得的串口数据进行处理
   }
  }
  PROCESS_END();
}
```

```
int
slip_input_byte(unsigned char c)                    //重新实现 SLIP 的 slip_input_byte 函数
//当串口收到一个 0XFF 时,表示一次串口数据结束,使用 process_poll()进入主进程,如上面
//的 udp_client 进程,在 udp_client 进程中,调用 slip_input_do 对串口数据进行处理。
{
        //add c to rxbuf
    unsigned next;
    next = end + 1;
    if(next == RX_BUFSIZE)
  {
        next = 0;
  }
    if(next == begin)
  {                                          /* rxbuf is full */
        state = STATE_RUBBISH;
        SLIP_STATISTICS(slip_overflow++);
        end = pkt_end;                       /* remove rubbish */
        return 0;
  }
    rxbuf[end] = c;
    end = next;

    if(rxbuf[begin] == 0xEE)
    {
        if(end > 2 && c == 0xEE){
          count++;
          if(count == 1){
            rxbuf_init();
            rxbuf[begin] = c;
            end = 1;
        return 1;
          }
          }
          if(c == 0xFF){
            if(end == 14){
              length = end;
              process_poll(&udp_client_process);     //进入主进程 udp_client_process
              return 1;
            }
            else if(end != 14)
            {
            rxbuf_init();
        return 1;
            }
          }
    }
    else
```

```
        {
            rxbuf_init();
                return 1;
        }
    return 0;
}
```

网关服务器端程序分析:

传感器节点均使用 UDP 向网关发送数据,每个节点作为 Client,网关使用运行一个 Server 处理发送过来的传感器信息。它主要有两个工作,一是区分不同的传感器类型存入文件供网关显示;二是监听每一个传感器数据,写入管道,供 HTML 页面读取。内容在 udp-server.c 中。

写入管道:

```
//创建并打开管道
if(access(FIFO_SERVER,F_OK) == -1){
    res = mkfifo(FIFO_SERVER,0777);
    if(res!=0){
    fprintf(stderr,"create fifo error");
    exit(-1);
    }
    }
    fd = open(FIFO_SERVER,O_WRONLY);
    …
    //写入管道
    hextostring(recv_data,sensor_data,26);
    len = write(fd,sensor_data,52);
```

读取管道:

```
//read from pipe
 timeout.tv_sec = 1;
    timeout.tv_usec = 0;

    FD_ZERO(&fds);
    FD_SET(fd,&fds);
    memset(buff,0,sizeof(buff));
    int ret = select(fd+1,&fds,NULL,NULL,&timeout);
    if(ret<=0){
    return -1;
    }
    if(ret>0)
    {
```

```
int size = read(fd,buff,128);
if(size>0)
{
printf("Content-type:text/html\n\n");
printf("%s\n",buff);
close(fd);
return 0;
}
}
```

在 HTML 中定时调用 CGI,读取管道数据,以达到一定的实时数据显示效果。

2. 登录 Cygwin

打开 Cygwin 开发环境,登录进去。进入 contiki-2.5 目录下,如图 5.54 所示。

图 5.54 登录进入 contiki-2.5

3. 设置 IAR 编译器环境变量

Cygwin 开发环境使用前面安装的 IAR EWARM 环境编译工具,因此要在此环境中加入 IAR 工具的安装路径,才可以使用相关编译工具对源码工程进行编译和下载。执行. compile. env 命令即可完成环境的设置,如图 5.55 所示。

其中,compile. env 文件的内容为:export PATH=/cygdrive/c/Program/Files/IAR/Systems/Embedded/Workbench/5. 4/Evaluation/arm/bin:$PATH。具体变量用户可以根据自己环境中的 IAR 安装路径而修改。

4. 编译、下载 udp-server-node 程序

开启实验设备电源,使用 J-Link 仿真器连接 IPv6 模块,通过平台的"选择"按键选择目标模块。

图 5.55　环境的设置

进入 contiki-2.5 目录下的 examples/ipv6 目录下，将产品配套目录 06_get_sensortype 复制至 ipv6 目录下，并进入该目录的 node 目录下，如图 5.56 所示。

图 5.56　node 目录

执行 make TARGET=mb851 clean 清除中间文件，如图 5.57 所示。

执行 make TARGET=mb851 udp-client.flash 烧写（烧写之前，请先按照源码分析部分修改服务器的实际 IP 地址，然后再烧写；同时确保要下载的模块对应的传感器模块中已经烧写好了程序），如图 5.58 所示。

上述烧写过程将调用 IAR 相关工具完成。

5. 编译 PC RHEL6 系统 Server 程序并在 IPv6 网关上运行

进入 RHEL6 系统 06_get_sensortype/网关目录下，使用 mipsel-openwrt-linux-gcc 编译器编译 Server 程序。

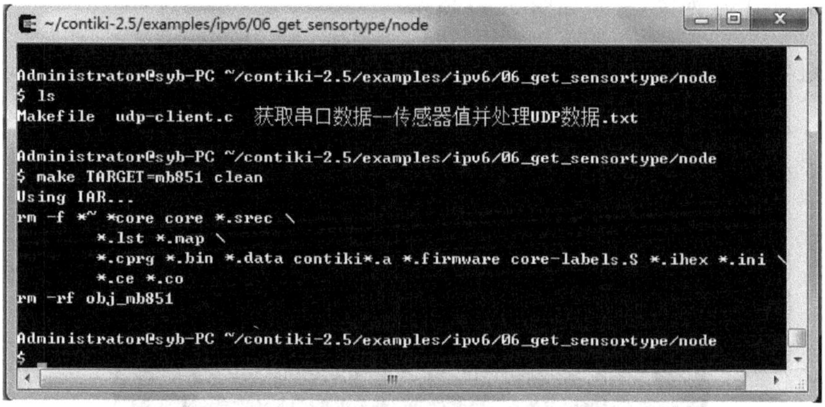

图 5.57 clean

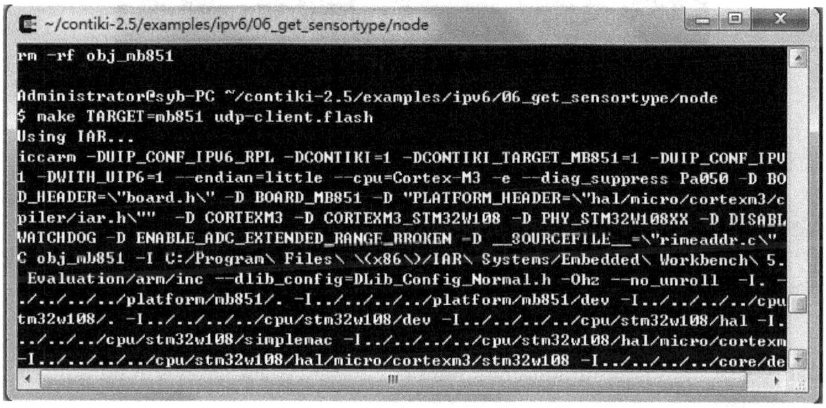

图 5.58 make TARGET=mb851 udp-client. flash 烧写

开始编译：

```
[root@localhost 网关]# ls
udp - server udp - server.c
[root@localhost 网关]# export STAGING_DIR = /home/cbt/work/CBT210/ipv6/backfire/
toolchain - mipsel_gcc - 4.3.3 + cs_uClibc - 0.9.30.1/
[root@localhost 网关]# mipsel - openwrt - linux - gcc udp - server.c - o udp - server
[root@localhost 网关]#
```

复制到下载目录：

```
[root@localhost 网关]# cp udp - server /var/ftp/
cp: 是否覆盖"/var/ftp/udp - server"? y
[root@localhost 网关]#
[root@localhost 网关]# /etc/init.d/vsftpd restart 关闭 vsftpd:          [确定]
为 vsftpd 启动 vsftpd:                                                 [确定]
[root@localhost 网关]#
```

登录到 IPv6 网关，显示如图 5.59 所示。

```
[root@localhost 网关]# telnet 192.168.1.1
```

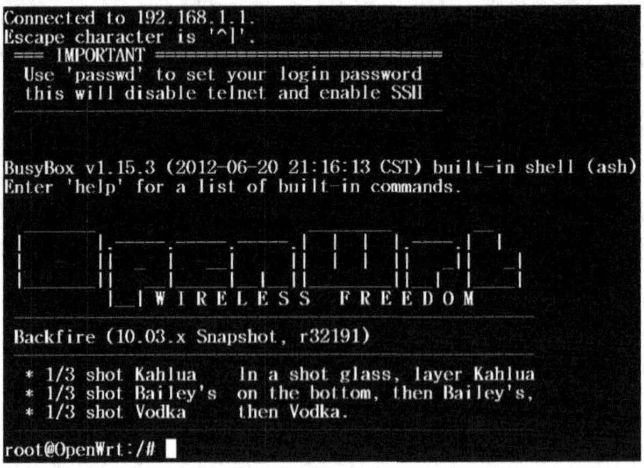

图 5.59　登录 IPv6 网关

下载程序到网关(192.168.1.7 为虚拟机的地址，根据实际的修改)。

```
root@OpenWrt:/# ls
bin       hello         mnt       rom          server      udp - serverbak
client    httprequest   node      rom.tar.bz2  sys         usr
dev       ipv6.conf     overlay   root         test.html   var
etc       ipv6addr.conf proc      rootip       tmp         www
exe.sh    lib           readNode  sbin         udp - server
root@OpenWrt:/# rm - rf udp - server
root@OpenWrt:/# wget ftp://192.168.1.7/udp - server
Connecting to 192.168.1.7(192.168.1.7:21)
udp - server100 % |**************************************************| 10829
-- : -- : -- ETA
root@OpenWrt:/#
```

6. 下载网页文件

如下由于网关的/www 目录下已经有了 sensor_type.html 及对应的 cgi 程序，所以不必重新下载，直接使用就可以了。

```
root@OpenWrt:/# ls www/
1.jpg            cgi - bin       luci - static      style.css    wz_jsgraphics.js
2.jpg            home.html       nodes.html         tdd.html
auto_sensor.html index.html      sensor.html        test.html
bak_nodes.html   line.js         sensor_type.html   test2.html
root@OpenWrt:/# ls www/cgi - bin/
bak_readNode.cgi readNode.cgi              readSensordata.cgi   test.cgibak
luci             readNodeByServer.cgi      test.cgi
root@OpenWrt:/#
```

7. 运行测试

在网关下输入"ps"，可以查看到后台已经开启了一个 Server 程序，我们可以直接使用，也可以使用 kill 命令杀掉它，重新执行下载的 Server 程序，在这里使用后台默认启动的。然后在浏览器地址栏中输入"http://192.168.1.1/sensor_type.html"就可以查看到相应的传感器类型，如图 5.60 所示。

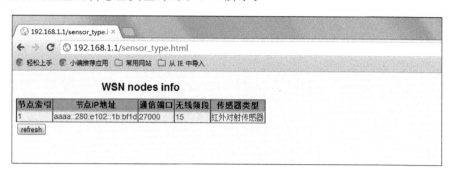

图 5.60　查看相应的传感器类型